BRINCAR E JOGAR

ENLACES TEÓRICOS E METODOLÓGICOS NO CAMPO DA EDUCAÇÃO MATEMÁTICA

⊞ COLEÇÃO TENDÊNCIAS EM EDUCAÇÃO MATEMÁTICA

BRINCAR E JOGAR

ENLACES TEÓRICOS E METODOLÓGICOS NO CAMPO DA EDUCAÇÃO MATEMÁTICA

Cristiano Alberto Muniz

3ª edição
2ª reimpressão

autêntica

Copyright © 2010 Cristiano Alberto Muniz

Todos os direitos reservados pela Autêntica Editora Ltda. Nenhuma parte desta publicação poderá ser reproduzida, seja por meios mecânicos, eletrônicos, seja via cópia xerográfica, sem a autorização prévia da Editora.

COORDENADOR DA COLEÇÃO TENDÊNCIAS EM EDUCAÇÃO MATEMÁTICA
Marcelo de Carvalho Borba
(Pós-Graduação em Educação Matemática/Unesp, Brasil)
gpimem@rc.unesp.br

CONSELHO EDITORIAL
Airton Carrião (COLTEC/UFMG, Brasil), Hélia Jacinto (Instituto de Educação/Universidade de Lisboa, Portugal), Jhony Alexander Villa-Ochoa (Faculdade de Educação/Universidade de Antioquia, Colômbia), Maria da Conceição Fonseca (Faculdade de Educação/UFMG, Brasil), Ricardo Scucuglia da Silva (Pós-Graduação em Educação Matemática/Unesp, Brasil)

EDITORAS RESPONSÁVEIS
Rejane Dias
Cecília Martins

REVISÃO
Rodrigo Mansur

CAPA
Diogo Droschi

DIAGRAMAÇÃO
Guilherme Fagundes

Dados Internacionais de Catalogação na Publicação (CIP)
(Câmara Brasileira do Livro, SP, Brasil)

Muniz, Cristiano Alberto
  Brincar e jogar : enlaces teóricos e metodológicos no campo da Educação Matemática / Cristiano Alberto Muniz. -- 3. ed ; 2. reimp. -- Belo Horizonte : Autêntica, 2023. -- (Coleção Tendências em Educação Matemática).

Bibliografia.
ISBN 978-85-513-0744-1

  1. Brincadeiras 2. Jogos no ensino da matemática 3. Lógica simbólica e matemática 4. Matemática - Estudo e ensino 5. Matemática - Formação de professores 6. Prática de ensino I. Borba, Marcelo de Carvalho. II. Título III. Série.

19-31553   CDD-371.3

Índices para catálogo sistemático:
1. Brincadeiras e jogos : Métodos de aprendizagem : Educação 371.3

Maria Alice Ferreira - Bibliotecária - CRB-8/7964

Belo Horizonte
Rua Carlos Turner, 420
Silveira . 31140-520
Belo Horizonte . MG
Tel.: (55 31) 3465 4500

São Paulo
Av. Paulista, 2.073 . Conjunto Nacional
Horsa I . Sala 309 . Bela Vista
01311-940 . São Paulo . SP
Tel.: (55 11) 3034 4468

www.grupoautentica.com.br
SAC: atendimentoleitor@grupoautentica.com.br

Nota do coordenador

A produção em Educação Matemática cresceu consideravelmente nas últimas duas décadas. Foram teses, dissertações, artigos e livros publicados. Esta coleção surgiu em 2001 com a proposta de apresentar, em cada livro, uma síntese de partes desse imenso trabalho feito por pesquisadores e professores. Ao apresentar uma tendência, pensa-se em um conjunto de reflexões sobre um dado problema. Tendência não é moda, e sim resposta a um dado problema. Esta coleção está em constante desenvolvimento, da mesma forma que a sociedade em geral, e a, escola em particular, também está. São dezenas de títulos voltados para o estudante de graduação, especialização, mestrado e doutorado acadêmico e profissional, que podem ser encontrados em diversas bibliotecas.

A coleção Tendências em Educação Matemática é voltada para futuros professores e para profissionais da área que buscam, de diversas formas, refletir sobre essa modalidade denominada Educação Matemática, a qual está embasada no princípio de que todos podem produzir Matemática nas suas diferentes expressões. A coleção busca também apresentar tópicos em Matemática que tiveram desenvolvimentos substanciais nas últimas décadas e que podem se transformar em novas tendências curriculares dos ensinos fundamental, médio e superior. Esta coleção é escrita por pesquisadores em Educação Matemática e em outras áreas da Matemática, com larga experiência docente, que pretendem estreitar as interações entre a Universidade – que produz pesquisa – e os diversos cenários em que se realiza essa educação. Em alguns livros, professores da educação básica se tornaram também autores. Cada livro indica uma extensa bibliografia na qual o leitor poderá buscar um aprofundamento em certas tendências em Educação Matemática.

Neste livro, o autor apresenta a complexa relação jogo/brincadeira e a aprendizagem matemática. Além de discutir as diferentes perspectivas da relação entre jogo e Educação Matemática, ele favorece uma reflexão do quanto o conceito de Matemática implica na concepção de jogos para a aprendizagem, bem como o delineamento conceitual do jogo nos propicia visualizar novas possibilidades de utilização dos jogos na Educação Matemática. Entrelaçando diferentes perspectivas teóricas e metodológicas sobre o jogo, ele apresenta análises sobre produções matemáticas realizadas por crianças em processo de escolarização em jogos ditos espontâneos, fazendo um contrapondo das expectativas do educador em relação às suas potencialidades para a aprendizagem matemática. Ao trazer reflexões teóricas sobre o jogo na Educação Matemática e revelar o jogo efetivo das crianças em processo de produção matemática, a obra tanto apresenta subsídios para o desenvolvimento da investigação científica quanto para a práxis pedagógica por meio do jogo na sala de aula de Matemática.

Marcelo de Carvalho Borba[*]

---

[*] Marcelo de Carvalho Borba é licenciado em Matemática pela UFRJ, mestre em Educação Matemática pela Unesp (Rio Claro, SP) doutor, nessa mesma área pela Cornell University (Estados Unidos) e livre-docente pela Unesp. Atualmente, é professor do Programa de Pós-Graduação em Educação Matemática da Unesp (PPGEM), coordenador do Grupo de Pesquisa em Informática, Outras Mídias e Educação Matemática (GPIMEM) e desenvolve pesquisas em Educação Matemática, metodologia de pesquisa qualitativa e tecnologias de informação e comunicação. Já ministrou palestras em 15 países, tendo publicado diversos artigos e participado da comissão editorial de vários periódicos no Brasil e no exterior. É editor associado do ZDM (Berlim, Alemanha) e pesquisador 1A do CNPq, além de coordenador da Área de Ensino da CAPES (2018-2022).

Sumário

Capítulo I
As relações entre o jogo da criança e a aprendizagem
matemática como objeto de pesquisa científica........................ 11

Capítulo II
Jogo e Educação Matemática:
aproximações teóricas possíveis e desejáveis........................ 19
Diferentes aproximações do jogo e da Matemática............................ 20
Jogos de reflexão pura e a Matemática................................. 22
Os jogos matemáticos e a Matemática................................... 24
Jogos-problemas: são realmente jogos? Para quem?..................... 27

Capítulo III
O conceito de jogo: na busca de uma
construção conceitual para melhor identificar e analisar
a atividade matemática no jogo infantil................................. 35

Capítulo IV
As atividades matemáticas nos jogos
presentes na cultura infantil... 49
Entre possibilidades e limites: analisar
a Matemática presente no jogo infantil..................................... 49
O conceito de Matemática presente na análise de jogos:
quando um conceito de Matemática limita as possibilidades
de casamento entre jogo e aprendizagem matemática........................ 54

Capítulo V
O espaço pedagógico do jogo
na Educação Matemática 63
Uma necessária discussão epistemológica
acerca da relação entre o jogo e a atividade matemática 66
O jogo na Educação Matemática:
uma pré-Matemática ou uma protomatemática? 67
Jogo e aprendizagem matemática
na educação infantil: Adam e um estudo revelador 71
Ferramentas de intervenção no contexto
da didática da Matemática: o jogo como um mediador possível 74
A atividade matemática nos jogos: a construção
e a validação dos conhecimentos matemáticos da criança 77

Capítulo VI
O que aponta a investigação sobre
a atividade matemática em jogos espontâneos 79
    MONOPOLY (Banco Imobiliário) 80
    La Bonne Paye (jogo da vida diária) 82
    DIADINGO 83
    Veleno 84
    Triominos 85
    Spectrangle 86
    Leitura e verbalização de quantidades e valores nos jogos 89
    Acréscimo de unidade monetária,
    revelando portar conhecimentos socioculturais 92
    Entre formas espontâneas de operar e a reprodução
    de algoritmos impostos pela escola 93

Capítulo VII
Um novo olhar sobre o jogo realizado
pelas crianças: possibilidades e limites
de uma atividade matemática nos jogos 101
    A análise do jogo espontâneo das crianças: a atividade
    matemática subjugada às regras da atividade lúdica 102

Estrutura da atividade lúdica e garantia de efetivação
de aprendizagem matemática 106
A existência de uma cultura lúdica que participa da
determinação da natureza da atividade matemática no jogo 110
A ação cognitiva da criança no jogo
é circunstancial a cada atividade lúdica 113
Conceito de Matemática nas associações
entre a Matemática e o jogo espontâneo da criança.........................114
Noção de jogo segundo Winnicott: na área intermediária....................119

Referências 129
Outros títulos da coleção 131

Capítulo I

As relações entre o jogo da criança e a aprendizagem matemática como objeto de pesquisa científica

Primavera de 1996. Estamos no pátio e é recreio em uma escola primária francesa. Observamos um grupo de meninas a jogarem POG[1] discutindo entre elas os valores de cada peça para a realização de trocas. Carolina, 8 anos, tenta me explicar as regras do jogo. Neste momento, aproveito a ocasião para lhe colocar questões de interesse para nosso estudo acerca da presença de Matemática nos jogos infantis:

> Pesquisador: Podemos jogar POG na sala de aula?
> Carolina: Não, somente no recreio!
> Pesquisador: Para que serve o recreio?
> Carolina: Para brincar.
> Pesquisador: E a aula, serve a que?
> Carolina: Para trabalhar.
> Pesquisador: Quando brincamos, podemos aprender alguma coisa?
> Carolina: Sim.
> Pesquisador: O que?
> Carolina: A pintar, a desenhar, a ler ou a escrever, se houver letras e palavras no jogo!
> Pesquisador: E Matemática? Podemos aprender

---

[1] O POG é um jogo comum entre as crianças na França, que no Brasil corresponde ao jogo Tazzo, que é desenvolvido por meio de fichas redondas de plástico, cada uma com um valor. Ganha a peça aquele que conseguir desvirá-la (como o jogo de figurinhas antigamente).

Matemática quando brincamos?
Carolina: Eu acho que não.
Pesquisador: O que devemos fazer para aprender Matemática?
Carolina: Trabalhar, nós devemos trabalhar!
Pesquisador: E brincando, isso é possível?
Carolina: Ah, não!

Podemos observar no diálogo uma representação social da ligação entre o jogo espontâneo e a aprendizagem matemática. Esta representação é claramente marcada por uma dicotomia: a aprendizagem matemática é ligada ao trabalho e o jogo não é considerado como um espaço para a Matemática. É a aprendizagem da língua materna que a criança considera como podendo se realizar no jogo quando os elementos "letras e palavras" são integrados na atividade lúdica. No jogo POG, observamos a presença de elementos matemáticos e sabemos que cada peça possui um valor, e que, no momento de jogar, é necessário considerar cada um deles que nós estamos a colocar em risco, assim como o valor total das peças apostadas.

Sem dúvida, as quantidades numéricas são elementos essenciais deste jogo, mas a criança não reconhece a existência de uma forte ligação entre a atividade lúdica e a possibilidade de aprendizagem matemática. Segundo nosso ponto de vista, existe uma atividade matemática muito rica que pode ser um espaço para se estabelecer e para se testar teoremas e conceitos em ação. Para a pequena Carolina, a presença destes elementos no jogo não é, em absoluto, uma garantia de aprendizagem matemática. Segundo ela, a aprendizagem é ligada ao contexto do trabalho que não está presente no jogo espontâneo como o jogo de POG. A atividade matemática é, na visão infantil, sobretudo ligada aos contextos didáticos e a aprendizagem da Matemática é ligada à situação controlada por um adulto, em especial, por um professor.

Podemos extrair do diálogo de Carolina a presença de uma representação social sobre as relações entre jogo espontâneo e a aprendizagem matemática: a representação social da Matemática apresentada no diálogo serve para ilustrar a existência de uma aproximação entre atividade matemática e o jogo espontâneo. O termo "Matemática" reenvia o sujeito necessariamente em direção ao trabalho escolar. O sujeito não chega a conceber a hipótese da presença de uma atividade matemática no jogo que está praticando, atividade possivelmente ligada aos conteúdos matemáticos tratados dentro da sala de aula de Matemática.

Em nosso estudo quisemos analisar as atividades matemáticas da criança em jogos espontâneos: analisar as ações do sujeito fora de um contexto de controle do adulto, ou seja, buscar compreender qual Matemática a criança produz quando não está em realização de tarefas tipicamente escolares. Neste sentido, o estudo pode ser caracterizado como uma investigação etnomatemática[2] no contexto do mundo lúdico da infância. Nosso objeto é o estudo da prática de atividades matemáticas pela criança em contextos de jogos espontâneos. Nosso interesse primeiro está em melhor conhecer a natureza da atividade matemática não controlada pela presença de um adulto. Nossa hipótese fundamental é que a observação da atividade matemática em jogos espontâneos da criança pode fornecer elementos importantes para (re)conceber as relações possíveis entre os conhecimentos matemáticos e os jogos desenvolvidos pela criança.

As representações sociais das relações possíveis entre conhecimento matemático e os jogos espontâneos são geralmente polarizadas em torno de dois extremos absolutos:

- Uma dicotomia entre jogo da criança e a possibilidade de uma aprendizagem matemática (como nos aponta Carolina);
- Uma adesão ao discurso de um valor educativo incontestável do jogo para a aprendizagem matemática.

Nós procuramos estudar as atividades matemáticas realizadas pela criança para colocar em discussão estas duas posições. Centramos nosso estudo sobre a existência de uma atividade matemática

---

[2] Etnomatemática é um tema que o leitor pode aprofundar por meio do livro de Ubiratan D'Ambrosio *Etnomatemática: elo entre as tradições e a modernidade*, desta mesma coleção.

nos jogos espontâneos da criança que deve constituir uma trama colocada em cena a partir de:

- Conhecimentos matemáticos já adquiridos pelos sujeitos (dentro ou fora da escola);
- Representações sociais da criança acerca da Matemática;
- Aplicações e validações de saberes dentro da situação de jogo;
- Possibilidades de uma nova construção de conhecimento e aquisição de novo saber-fazer a partir de relações do sujeito com a estrutura lúdica e/ou por meio das relações interpessoais estabelecidas durante o desenvolvimento da atividade lúdica.

Trata de mostrar que a escola não é, em absoluto, o espaço exclusivo de realização de atividades matemáticas pela criança. Nós queremos demonstrar a existência de atividades matemáticas realizadas pela criança fora do contexto didático e queremos melhor conhecer a natureza destas atividades para estabelecer novas relações entre a Matemática realizada pela criança e seus jogos. Um segundo interesse de nosso estudo foi a obtenção de informações sobre o jogo realizado pela criança e sua produção de conhecimentos matemáticos para, em futuros estudos, analisar a sua utilização em contextos escolares. Assim, nosso trabalho constitui-se em pesquisa de base destinada a fornecer elementos para futuros estudos sobre as relações entre o jogo infantil, o seu desenvolvimento e as aprendizagens matemáticas.

A observação e a análise dos jogos oferecidos às crianças pela sociedade nos mostram o quanto estas atividades são ricas em quantidades numéricas, em situações operatórias, em conhecimentos topológicos e geométricos, de noções de orientação e de deslocamento, de representações simbólicas. Esta oferta não é, em absoluto, neutra em relação às expectativas dos adultos, em especial, do educador, sobre as atividades matemáticas que a criança pode realizar a partir da estrutura lúdica. Acreditamos que essa oferta possa traduzir uma adesão à convicção de um valor dos jogos para favorecer a aprendizagem matemática das crianças. Nós podemos, assim, identificar nos jogos oferecidos a elas as representações sociais da Matemática presente no mundo adulto.

O valor dos jogos para a aprendizagem ganha força e importância a partir dos teóricos construtivistas, especialmente a partir da ideia de que o jogo potencializa a zona de desenvolvimento proximal, segundo Vigotski (1994). Nesta perspectiva, o jogo é concebido como um importante instrumento para favorecer a aprendizagem na criança e, em consequência, a sociedade deve favorecer o desenvolvimento do jogo para favorecer as aprendizagens, em especial, as aprendizagens matemáticas.

A partir desta convicção teórica, o jogo é tomado como instrumento pedagógico e vemos uma introdução gradual e crescente dos jogos no ensino da Matemática. A utilização do jogo como mediador do conhecimento matemático ganha importância nos discursos dos educadores e dentro da prática pedagógica a partir da necessidade da participação efetiva do sujeito na construção de seu conhecimento (KAMII, 1986, 1988). De uma parte, observamos um avanço do discurso sobre o valor educativo do jogo e das práticas pedagógicas inerentes mais acelerado que a realização de estudos de natureza científica sobre as reais potencialidades e os limites do jogo nas aprendizagens matemáticas. De outra parte, constatamos uma crescente oferta de "jogos matemáticos". A concepção dos "jogos matemáticos" é outro traço da valorização dos jogos para a aprendizagem matemática. Entretanto, é melhor que compreendamos qual tipo de atividade é concebida como um "jogo matemático", em especial, quais tipos de relações existem entre a atividade lúdica e o conhecimento matemático preconizados nestes jogos. É necessário até mesmo precisar se estas atividades são verdadeiramente jogos ou se tratam de materiais pedagógicos fantasiados de jogos.

Assim, nesta pesquisa, partimos de alguns pressupostos:

- A introdução dos jogos no contexto do ensino serve, sobretudo, para camuflar os problemas próprios do contexto didático, no entanto, sem resolvê-los;
- A utilização dos jogos para favorecer a aprendizagem matemática pode constituir um engodo pedagógico: quando

utilizamos do prazer natural pelos jogos das crianças para lançá-las em situações de atividades matemáticas pouco significativas (por exemplo, quando construímos e propomos os dominós das tabuadas).

A atividade desenvolvida em contexto escolar é nomeada "jogo", apresenta-se como situação didática, podendo ser controlada por regras impostas de forma arbitrária pelo professor. De acordo com Brougère (1995), esta imposição compromete os princípios fundamentais ligados à noção do jogo como atividade espontânea e improdutiva. Trata-se da utilização de uma motivação inerente ao jogo para lançar a criança em direção à realização de atividades matemáticas sem, contudo, buscar na própria atividade matemática a fonte do prazer pela produção cognitiva.

Isso nos obriga a uma definição mais precisa de alguns conceitos utilizados no estudo, em especial, a noção de "jogo" por nós adotada, o que é motivo de debate dentro e fora da academia. O estabelecimento das relações possíveis entre os jogos da criança e a atividade matemática é fortemente dependente dos conceitos utilizados para aquilo que concebemos como "Matemática" e aquilo que concebemos como "jogo".

A noção de jogo é tomada como uma fonte por excelência de criação e de resolução de situações-problema de Matemática para seus participantes. O jogo é visto como um instrumento de aquisição da cultura do seu contexto social, cultura que engloba conhecimentos e representação acerca da Matemática: seus valores, sua aprendizagem, seus poderes.

Nosso objeto de pesquisa se limita à análise dos jogos desenvolvidos a partir de uma estrutura física proposta para o desenvolvimento da atividade lúdica. Esta estrutura física, acompanhada de um sistema de regras, deve permitir aos sujeitos a realização de atividades matemáticas, que são a base de nossas interpretações e análises. Trata-se de uma delimitação de nosso objeto à análise de atividades lúdicas realizadas a partir de jogos industrializados e presentes no mundo cotidiano das crianças com idades entre 6 e 12 anos, faixa etária na qual (acreditamos) a trama entre conhecimentos matemáticos e conhecimentos espontâneos é mais intensa, complexa e rica.

Dois conceitos de jogos se impõem na nossa análise:

1) a noção de atividade lúdica como estrutura presente dentro da caixa do jogo, concebida por adultos;
2) a noção de jogo como a atividade que a criança efetivamente realiza de maneira espontânea, sem intervenções diretas do adulto, desenvolvida a partir do que é proposto pelo jogo presente na noção anterior (aquilo que vem dentro da caixa).

Isso nos leva a conceber uma trajetória metodológica para a pesquisa que leve em conta as duas dimensões essenciais de jogo e, em consequência, a fazer a análise da atividade matemática nestas duas dimensões: aquilo que é proposto pelos adultos e aquilo que realmente é realizado pelas crianças.

Assim, nosso estudo se limita (o que já é bem amplo) a analisar a atividade matemática desenvolvida livremente por crianças durante a atividade lúdica realizada a partir dos jogos oferecidos pelo mundo adulto: jogos que podem instigar os sujeitos à realização de atividades matemáticas sejam elas meios (quando a Matemática aparece como forma de controlar a atividade, via pontos, por exemplo) ou fim do próprio jogo (quando a aprendizagem de certo conceito matemático é meta do jogo). Nós queremos analisar em que medida podemos conceber a criança que realiza atividade matemática no jogo espontâneo como um "ser matemático" em germe, um sujeito que é em plena atividade de produção e resolução de problemas que envolvem números, operações aritméticas, estimativas e probabilidades, registros, validação e provas de táticas e estratégias. Procuramos analisar como nos jogos espontâneos as crianças trocam saberes matemáticos. Interessa-nos saber também em que medida o jogo, sem o controle direto de um adulto, pode comportar certa atividade matemática e, talvez, favorecer a aprendizagem da Matemática.

Enfim, procuramos analisar o jogo como possível mediador de uma cultura matemática, uma intermediação que é realizada por meio de uma estrutura lúdica concebida por um adulto. Assim, o jogo se configura como um mediador de conhecimentos, de representações presentes numa cultura matemática de um contexto sociocultural do qual a criança faz parte.

Capítulo II

Jogo e Educação Matemática: aproximações teóricas possíveis e desejáveis

Nosso objetivo não é analisar as aproximações entre jogo e Matemática limitadas aos jogos classificados como "jogos matemáticos", mas, ao contrário, tentamos analisar diferentes associações possíveis entre a Matemática e os jogos, sendo os "jogos matemáticos" tão somente uma entre várias possibilidades de análise deste casamento teórico. A análise destas relações limitadas aos "jogos matemáticos" não pode responder às nossas questões de pesquisa, que repousam em jogos espontâneos das crianças, quaisquer que sejam esses jogos.

Assim, devemos partir de uma visão mais geral das diferentes possibilidades de aproximações teóricas entre estes dois elementos para mostrar a existência de duas categorias fundamentais de análise destas diferentes aproximações: de um lado, a Matemática possível nos jogos da criança e a "atividade matemática" nos jogos, e, de outro, os jogos como fonte de situações matemáticas. A atividade matemática como jogo, a resolução de problemas como jogo e a situação didática como jogo, pois são estruturadas a partir de sistema de regras e são possibilidades que devemos aqui discutir. Estas diferentes aproximações possíveis deverão ajudar a enxergar como podemos analisar a Matemática presente nos jogos das crianças.

Diferentes aproximações do jogo e da Matemática

Caillois (1967) importante autor acerca da teoria das relações entre jogo e educação nos revela como o estudo científico sobre o jogo pode ser realizado a partir de diferentes perspectivas: psicológica, sociológica, filosófica, histórica, pedagógica e matemática. Um ponto que merece nosso destaque é o último capítulo de sua obra *Les jeux et les hommes*, no qual interpretamos que o jogo pode ser analisado sob um aspecto no contexto pedagógico ou em um aspecto oposto, pela Matemática. Parece que a Matemática e a Pedagogia são domínios absolutamente opostos em relação ao jogo, uma vez que na perspectiva matemática, o jogo é objeto de estudo no campo das probabilidades, como espaço de produção de conhecimento, enquanto que na perspectiva pedagógica o jogo é estudado como possibilidade de produção de aprendizagens. Observamos na leitura de Caillois a ausência de uma perspectiva de análise do jogo no campo da Educação Matemática, ou seja, da análise do jogo na interface entre a Pedagogia e a Matemática, uma análise que trataria do papel dos jogos na Educação Matemática da criança buscando compreender a participação dos jogos na produção de aprendizagens matemáticas.

Caillois (1967) analisa inicialmente o jogo numa perspectiva psicopedagógica por meio de uma viagem entre os diferentes conceitos, os mais variados possíveis, entre jogo e educação, mostrando a dimensão da liberdade presente na concepção de atividade lúdica. O autor lamenta a ausência dos jogos de azar na abordagem teórica entre jogo e educação, ausência que seria consequência de uma concepção do jogo de azar como imoral e antissocial. Nesta perspectiva, corre-se o risco de uma grande variedade de jogos ficar fora da sala de aula, em especial de Matemática, mesmo que haja riqueza dos mesmos em relação aos conceitos matemáticos por eles mobilizados. Os jogos de azar ficam fora de toda e qualquer utilização na educação formal, pois existe a possibilidade de "ganhar sem esforço", o que opõe o jogo de azar à labuta/trabalho. Para o autor (1967, p. 322),

> os jogos de azar puro não desenvolvem no jogador, que permanece essencialmente passivo, nenhuma atitude física ou intelectual.

E receamos suas consequências para a moralidade, pois se opõe ao trabalho e ao esforço, fazendo seduzir acerca de um ganho súbito e considerável. Isto é – se quisermos – uma razão para bani-los da escola.

A ausência dos jogos de azar na educação parece traduzir uma proposta, sobretudo ideológica, acerca destes tipos de jogos. Entretanto, é exatamente a partir de jogos de azar que identificamos uma primeira relação histórica entre jogo e Matemática. De acordo com Stewart (1989, p. 140),

> as primeiras escrituras sobre as probabilidades são a obra daquele que um de seus biógrafos nomeou de "sábio jogador": Jérome Cardan; não é por acaso que esta obra trata de um aspecto eminentemente prático: os jogos de azar. Depois, então, a probabilidade e seu domínio aplicado, a estatística teve ligações difíceis com o jogo.

Uma obra igualmente importante neste campo foi *Raisonnements sur les jeux de dés* (Pensamentos sobre os jogos de dedos) publicado em 1657 por Huygens, obra consagrada à teoria das probabilidades, na qual encontramos debates de Pascal e Fermat sobre a seguinte questão: "Como devemos repartir as apostas de um jogo de dados, se o jogo vem a ser interrompido?" (STEWART, 1989, p 141). O jogo é aí uma fonte de criação de situações-problema de Matemática e, assim, propicia o desenvolvimento de atividade matemática. Esta não é parte do jogo propriamente dito, mas é a partir das situações criadas em jogo que produzimos problemas matemáticos. O jogo é um tema, um pretexto ou ilustra situações-problema matemáticas.

Duas relações entre jogo e Matemática são bastante difundidas e atualmente fundadas nas noções de discussão/argumentação matemática, também sobre a produção científica da Matemática como uma espécie de jogo: um jogo produzido e reservado aos sábios. São jogos em que as normas se confundem com as regras formais da Matemática: jogos de reflexão pura e jogos matemáticos.

Os jogos matemáticos, e por vezes os jogos de reflexão pura, são jogos classificados como "jogos de recreação matemática" destinados geralmente aos sábios, aos sujeitos que possuem, de antemão, o saber e o *savoir-faire* das ciências matemáticas; divertem-se a raciocinar a partir de problemas propostos na comunidade científica. O objetivo do jogo é a proposição de uma resolução de um problema matemático e sua consequente validação entre os jogadores: os matemáticos e os admiradores da Matemática. Tais jogos, paixão de muitos matemáticos, podem ser classificados como "quebra-cabeça" matemáticos. A atividade consiste na pesquisa de um modelo ideal (digamos, optimal) de resolução da situação, mais econômico, rápido e racional, um modelo que pode ser traduzido de uma maneira algébrica.

A noção de modelo ideal pode ser aplicada também a jogos de estratégia, jogos que possuem um modelo ideal de resolução, uma estratégia dita ideal. É dentro deste quadro que encontramos a teoria dos jogos. Hoje o termo "teoria dos jogos", bem ligado à Matemática, está presente em muitos campos de aplicação como a política, a economia e o sistema financeiro.

Jogos de reflexão pura e a Matemática

Outra aproximação possível entre jogo e Matemática é estabelecida a partir dos jogos de reflexão pura. Segundo Reysset (1995, p. 3) eles são "os representantes de uma criação lúdica muito particular, fruto da genialidade dos homens e dos povos a colocarem em cena e em competição suas faculdades de dedução e de inteligência num quadro em que, a priori, o acaso não tem lugar". O azar é excluído das atividades para garantir que o sucesso seja consequência exclusiva das faculdades cognitivas dos jogadores. Se o azar é excluído da atividade, a determinação de um algoritmo de resolução, que traduza o processo de resolução ideal, é mais facilmente estabelecida.

O jogo de reflexão pura consiste, segundo o sistema proposto por Caillois (1967), em jogos de competição realizados entre dois participantes, na maioria dos casos, sobre uma plataforma. Não há diferenciação entre o jogo proposto para o adulto e aquele proposto para a criança. Competências equivalentes são exigidas dos jogadores, sejam eles adultos ou crianças. Segundo Reysset (1995, p. 8), "os jogos de reflexão pura impõem uma concentração e um engajamento que são comparáveis para a criança e para o adulto, que encontram, assim, a igualdade sobre o terreno eterno do prazer lúdico".

Uma característica muito importante dos jogos de reflexão pura é sua ligação com a Matemática. São jogos criados sobre estruturas racionais profundamente enraizadas nas lógicas matemáticas. Os simpáticos aos jogos de reflexão pura estimam que se trate de jogos que favoreçam o raciocínio abstrato e lógico. São jogos que integram, de acordo com Reysset (1995, p. 9), "o prazer pela competição e aqueles da dedução e da criatividade pura".

Os jogos de reflexão pura não possuem necessariamente um conteúdo matemático, mas a atividade é ligada por competências transversais aos processos de matematização. Os jogos de reflexão permitem a possibilidade de favorecer para as crianças ocasiões de se avaliarem a eles mesmos ou em relação aos outros, como afirma Reysset (1995, p. 101): "[...] num contexto de regras que ele aceita, e de despender nesta ocasião uma energia latente que se transformará em prazer lúdico e em mecanismos intelectuais adquiridos".

É a partir deste valor que podemos encontrar a utilização de jogos de reflexão no espaço escolar como instrumento para o desenvolvimento da disciplina mental. Segundo Reysset (1995, p. 101):

> Os pedagogos resolveram introduzir o jogo na escola, por vezes, para facilitar as técnicas de aprendizagem, mas também para aprovisionar as crianças pouco dedicadas a penetrar brutalmente no mundo do trabalho escolar. Admite-se desde então que os jogos de reflexão pura possuem sua contribuição a esse processo educativo porque fornecem o gosto do esforço e da dificuldade, o sentido da ordem, o respeito aos outros, o interesse pela concentração, o treinamento da memória e também o controle de si.

Segundo esse autor, as experiências em diversos países mostram que a prática de jogos desta natureza favorece a capacidade da criança pelo trabalho que exige concentração, lógica e imaginação dedutiva, competências bem ligadas à Matemática. Mas os jogos de reflexão não têm necessariamente uma ligação direta com os conteúdos matemáticos escolares como os números, as operações, as formas e as medidas etc. A relação que estabelecemos entre jogos de reflexão pura e a Matemática se situa, sobretudo, no campo do pensamento lógico-matemático que o jogo favorece. Não podemos conceber de maneira precisa uma pesquisa que possa confirmar as relações entre esses jogos e as competências matemáticas. Devemos nos limitar aqui, estando de acordo com Reysset (1995) sobre o fato que as competências que os jogos de reflexão pura favorecem no jogador são as mesmas exigidas para se tornar um bom matemático.

Se nosso interesse é mais especificamente sobre jogos com conteúdos matemáticos, os jogos matemáticos merecem nossa especial atenção.

Os jogos matemáticos e a Matemática

Os jogos matemáticos têm sua história que remonta ao primeiro milênio antes de Jesus Cristo, pois podemos constatar sua presença nas culturas egípcia e grega sob a forma de enigmas ligados à mitologia, nos chineses como quadrados mágicos e nos indianos na forma de "histórias".

A história dos jogos matemáticos é bem ligada a nomes de grandes homens das ciências como: Lagrange, Euler, Descartes, Fermat, Fibonacci e Arquimedes, dentre outros. Os jogos matemáticos não são apenas *amusettes* (brinquedos de criança) para seus criadores e os jogadores: eles são, por vezes, matéria de trabalho e mesmo "fonte de inspiração". Assim, nós podemos dizer que os jogos matemáticos, bem mais que jogos são, de início e por princípio, atividades matemáticas praticadas por matemáticos. Para Criton (1997, p. 6):

> O jogo matemático é então uma atividade matemática em que o único objetivo é distrair ou divertir aquele que o pratica ou aquele a quem ele é proposto. Ora, nesta definição, nós temos uma noção muito subjetiva, que é aquela da diversão. De fato, aquilo que diverte uma primeira pessoa não diverte forçosamente uma segunda, e aquilo que diverte a primeira ou a segunda não divertirá seguramente uma terceira. Ainda, o que diverte uma criança de oito ou dez anos não divertirá sempre um adolescente ou um adulto, que poderá achar isso infantil e, reciprocamente, isso que diverte o segundo poderá ficar totalmente incompreensível ao primeiro.

Portanto, a ideia de jogo vem associada ao fato que uma atividade pode ser assumida como jogo para uma primeira pessoa, mas não o seja para uma segunda. Assim, a noção de jogo não está estritamente inserida na atividade em si, mas, em especial, no significado da mesma para os sujeitos que a realizam. O que confere importante consequência para sua utilização para um grupo de sujeitos no contexto pedagógico, uma vez que não se pode, na perspectiva de Criton, falar de um jogo matemático para todo grupo, pois o engajamento de cada participante vai ser diferenciado de acordo com o significado individual da mesma, havendo maior ou menor engajamento na busca da realização da atividade.

Dois ingredientes interdependentes entre si são fundamentais para que uma atividade seja considerada como um jogo matemático, ingredientes que são precisamente duas das principais atividades desenvolvidas pelos matemáticos: a resolução de um problema e a construção de uma teoria. Segundo Criton (1997) para que um problema seja considerado como um jogo matemático é necessário: 1) Que seja acessível ao maior número de pessoas; 2) Que seu enunciado intrigue, surpreenda, coloque um desafio àquele que o lê; 3) Que a resolução do problema possa divertir, distrair, surpreender aquele que se dispõe a compreendê-lo. Ainda segundo o autor (1997, p. 8):

> O jogo-problema deve então poder ser formulado numa linguagem corrente, excluindo o máximo possível todo vocabulário matemático muito específico, exceto algumas noções muito elementares comuns de todos os indivíduos tendo seguido uma escolaridade até o ensino médio. Mas esta primeira noção de acessibilidade a todos está longe de ser suficiente, se não, todos os exercícios dos livros escolares de Matemática seriam jogos matemáticos. Alguns destes exercícios são por vezes batizados com o nome "jogos matemáticos", mas o hábito (ou a etiqueta) não é suficiente para fazer o monge.

O que diferencia um problema nomeado simplesmente de problema-matemático do que denominamos de jogo-problema (CAMOUS, 1985), classificado como um jogo matemático é justamente seu caráter lúdico, que, segundo Criton (1997, p. 9), deve ser garantido a partir dos seguintes pontos:

1) Na sua aparência: a redação do enunciado pode ser divertida, humorística; ele pode imitar a atualidade. Ele pode também ser colocado em forma de poema, de enigma ou utilizar jogo de palavras e trocadilhos;
2) Na sua característica curiosa: inabitual, estranho e surpreso;
3) No "desafio" que ele pode ter.

Segundo esse autor, estes elementos seriam suficientes para que o sujeito estabelecesse uma relação lúdica com o problema, constituindo-se em um jogo matemático. Numa primeira tentativa de uma classificação dos jogos matemáticos, Criton (1997) deixa transparecer uma forte predominância dos jogos-problemas no universo das atividades classificadas como jogos matemáticos. Os jogos-problemas podem estar subclassificados de acordo com seu conteúdo matemático e as teorias que eles implicam de lógica (clássicos, de autorreferência, os paradoxos, as falsas demonstrações, as sequências a completar), de permutações, de organização, de combinação, de probabilidades, de gráficos, de aritmética, de álgebra, de geometria, sobre jogos de estratégia. Os jogos matemáticos que não podem ser classificados como jogos-problemas, uma vez que são apresentados por meio de um enunciado matemático, podem ser classificados dentre uma das categorias seguintes: criptogramas, quadrados mágicos, poliminós, jogos de palitos, "autómatas celulares", figuras impossíveis e ilusão de ótica, jogos informáticos, ou, ainda, curiosidades, humor.

Outro aspecto na proposta desse autor que nos interessa é a análise dos jogos de sociedade (aqueles desenvolvidos em grupo, envolvendo mais de um participante, como a Banco Imobiliário) segundo as situações-problemas produzidas na atividade, mas tratando-se, sobretudo, de uma análise matemática dessas situações. De acordo com as ideias de Criton (1997, p. 93);

De fato, a maioria dos jogos de sociedade tem sido estudada de um ponto de vista matemático e temos por consequência dado nascimento a muitos problemas, jogos-problemas e quebra-cabeças. Podemos considerar que esses quebra-cabeças são certo tipo de metajogo, quer dizer, um jogo sobre o jogo.

Duas formas fundamentais foram utilizadas para a "vulgarização" dos jogos matemáticos, com atenção especial aos jogos-problemas. Estas duas formas, seja na sociedade científica, seja dentro das escolas, indicam, de uma parte, o quanto a "vulgarização" é limitada a grupos bem definidos, e de outra parte, o quanto ele serve para estimular no meio acadêmico aqueles que são, por princípio, já estimulados. Mesmo se considerarmos a publicação de muitas obras sobre jogos matemáticos, é necessário considerar também que estas obras têm público bem definido e limitado.

Os participantes de atividades ditas jogos matemáticos, e especialmente jogos-problemas, já têm prazer ao estabelecer forte relação com a matemática. Seria legítimo acreditarmos em uma "vulgarização" do prazer pela Matemática por meio dessas atividades? Não acreditamos. Preferimos aqui nos limitar a colocar algumas questões para reflexão: A descoberta do prazer pela Matemática seria possível a partir dos jogos matemáticos? Os participantes dos jogos matemáticos não seriam aqueles que já descobriram o prazer pela Matemática e, eles mesmos, são os que têm esses jogos como meio para nutrir seus prazeres pela Matemática? Os jogos matemáticos não seriam um instrumento de identificação dos mais dotados para a Matemática a fim de impulsioná-los à atividade matemática, sem envolver a maioria das crianças?

O interesse pelos estudos da relação entre jogos e aprendizagem matemática sustenta-se na possibilidade de que todos os alunos possam, por meio dos jogos, se envolverem mais na realização de atividades matemáticas. Como vimos, a ideia de jogos-problemas pode não favorecer a ampla utilização pedagógica do jogo.

Jogos-problemas: são realmente jogos? Para quem?

Camous (1985) propõe o termo "jogo-problema" a partir da ideia que a própria atividade matemática pode, ela própria, constituir-se em uma espécie de jogo para aquele que a realiza. O conceito de jogo adotado por esse autor está seguramente longe de ser aquele que propomos nos nossos estudos, ou seja, um conceito que busque a produção matemática nos jogos espontâneos das crianças. A concepção de jogo utilizada é encarcerada nas próprias regras da produção científica da Matemática, em que o processo de criatividade do "jogador" é fortemente limitado pelas regras do método matemático. Um elemento de divergência entre a concepção de Camous (1985) e a por nós adotada diz respeito à restrição da Matemática a situações denominadas pelo autor de "jogo-problema". A concepção do autor é revestida de um valor numa perspectiva de valorização da resolução de problemas para a construção do conhecimento matemático, resolução que constitui uma espécie de "jogo" matemático fundamentado na pesquisa científica, ou seja, na lógica formal. A produção de problemas pelo sujeito, nesta perspectiva, não é concebida como constituidora de um jogo, o que o é na concepção que buscamos em nossos estudos.

Segundo esse autor, existe uma grande diferença entre a situação a ser resolvida e a apresentada sob a forma de um "jogo-problema" no contexto didático imposto aos alunos, pois estes jogos não devem ser caracterizados como formas de testes e nem utilizados em contextos de avaliação formal, ou seja, o engajamento do aluno a esse tipo de atividade não deve ser motivado por premiação via nota e nem deve ser motivo de punição.

O processo de resolução, no caso de um jogo-problema, é fundamentado no *tâtonnements* (processo de progressivas tentativas, método da investigação produzindo um procedimento), em que o sujeito desenvolve verdadeiramente um trabalho de pesquisa, que, segundo Camous (1985, p. 11), revela-se da "curiosidade e do espírito crítico". Num exercício escolar, imposto por meio de uma situação didática, não é verdade que o aluno possua esta liberdade criativa, pois os problemas propostos no contexto escolar, na maior parte das vezes, não têm esta característica. Segundo este autor, as situações propostas encontram, já a priori, num certo grau de dificuldade e preanuncia conteúdos matemáticos que devem ser mobilizados para sua resolução. O aluno é habituado pela cultura escolar a identificar, desde o início, o grau de dificuldade que as situações se encontram e o campo conceitual no qual se encontram. Mais que isso, acaba por servir, ao invés de produzir efetivamente novos conhecimentos; passa a reforçar procedimentos já ensinados e a testar a assimilação de procedimentos já institucionalizados no meio acadêmico, o que dificulta o surgimento de situações de processo criativo. Isso nos leva a conceber que, nestas circunstâncias, essas questões estão longe de serem consideradas como jogos-problemas, como o propõe Camous (1985), uma vez que, ao propô-los, o professor já tem, de antemão, as respostas (em termos de procedimentos) que espera receber de seus alunos e estes, por sua vez, aprendem rapidamente a produzirem precisamente as respostas desejadas pelo mestre para obterem sucesso escolar. Este contexto revela uma atividade matemática desprovida de criatividade, o que se opõe a ideia dos jogos-problemas propostos pelo autor em destaque.

Outro ponto apontado por Camous (1985) é quanto à própria característica do jogo-problema ser inédito aos participantes, professores e alunos. Para esse autor (1985, p. 12),

> um jogo-problema matemático (marca explícita, mas não depositada) se diferencia, de fato, de um clássico "divertimento matemático" de revista ilustrada, assim que do tradicional "dever de matemática" do ensino, mesmo que empresta, cada um deles, a mesma sustância. Ele supõe um bom divertimento matemático, agradavelmente introduzido, sempre atual e bem "modernizado" (inédito, às vezes) e suficientemente vasto e diversificado; mas ao mesmo tempo, impondo um sólido edifício de reflexões e de pensamentos matemáticos, pedagogicamente construído, sem ser necessariamente escolar.

Nos exercícios escolares, mesmo que estejam disfarçados de jogos-problemas, trata-se quase sempre de uma aplicação de teorema ou de conceitos trabalhados numa determinada unidade didática. Nos verdadeiros jogos-problemas, são atividades "elaboradas" por pessoas que possuem um sólido conhecimento matemático e propostas a pessoas que pertencem ao mesmo grupo: de conhecedores da Matemática. Se encontrarmos alguns jogadores deste contexto que não possuem nenhuma formação matemática, estes são exceções da regra geral dentro da nossa sociedade. Mais de cinquenta obras classificadas com o título de "divertimentos matemáticos" são indicadas por Camous (1985) difundidas fora dos periódicos publicados por instituições que acolhem os matemáticos.

Estas publicações apresentam situações que possuem o conteúdo matemático como ponto de partida e, em especial, podendo apresentar situações artificiais, produzidas exclusivamente para atrair as pessoas para o estabelecimento de uma relação mais profunda e duradoura com os objetos matemáticos. São situações meramente disfarçadas de jogo. Podemos dizer que se trata, quando aplicado no contexto escolar, dando à atividade didática uma imagem de jogo, cujas regras e solução bem poucos conseguem compreender (alunos e mesmo professores), de uma das formas atualmente mais comuns de introdução dos jogos na Educação Matemática. É assim que alguns educadores propõem os jogos-problemas aos alunos para favorecer a aprendizagem matemática. É o caso de Berloquim (1989, 1990a, 1990b, 1991) e de Malba Tahan (1997) entre muitos outros que poderíamos aqui citar. No caso de Malba Tahan, ele introduz situações por meio de lendas com apelo a uma dupla forma de sedução: o recurso da literatura e os jogos-problemas. As situações são postas na forma de pequenas estórias que culminam em uma situação-problema, a qual o leitor é levado a tentar resolver. As estórias são propostas como forma a desaguar em um jogo-problema. Neste contexto, a Matemática é objetivo e o meio principal da atividade, que é fundamentada sobre regras matemáticas, apesar da contextualização histórica a ela dada pelo autor.

Nos jogos-problemas, o adversário é a própria situação matemática proposta, ou seja, a pessoa que se engaja no processo tem por adversário a situação-problema: um problema matemático em que os desafios implicam inclusive as regras do método matemático. Em geral, as situações que elas apelam não são situações reais, mas modelos ideais de uma dada realidade. As situações são colocadas por meio de enunciados textuais, a partir de questões. Na atividade, procuramos um modelo matemático que dê seguramente uma resposta ao problema. Assim, o trabalho do matemático é visto, ele mesmo, como um tipo de "jogo", calcado em regras, buscando um modelo algébrico ou geométrico sobre o qual está estruturada a situação. Quando este modelo é revelado, o jogo termina, o matemático realizou seu trabalho. Para Caillois (1967, p. 335),

> aqui reside e persiste a irredutibilidade do jogo, que os matemáticos não alcançam, pois eles não fazem álgebra sobre o jogo. Quando eles obtêm a álgebra do jogo, o jogo se encontra destruído. Afinal, não se joga para ganhar um lance seguro. O prazer do jogo é inseparável do risco de perda. Cada vez que a reflexão combinatória (em que consiste a ciência do jogo) chega à modelagem de uma situação, o interesse do jogador desaparece com o desaparecimento da incerteza do resultado.

O espírito do jogo é destruído porque temos a garantia da resposta por meio do modelo matemático da situação proposta. Por outro lado, as pesquisas de muitos problemas matemáticos clássicos são constituídas como "jogo" porque o modelo de resolução, desconhecido no meio dos matemáticos, provoca uma espécie de "competição" entorno da pesquisa do modelo matemático que dá a resposta a uma situação-problema. A situação que inicia esta disputa poderá sair da necessidade de desenvolvimento de uma demonstração de um teorema matemático, por exemplo, aquele enunciado por Pierre de Fermat no século XVII que diz que a equação $a^n + b^n = c^n$ não tem número inteiro como solução para valores de n estritamente superiores a 2. Assim, por exemplo, números inteiros a, b e c que satisfaçam a igualdade $a^3 + b^3 = c^3$. Desde sua formulação, sua demonstração provocou uma verdadeira disputa para encontrar uma solução ao problema. Em 1908, a University of Göttingen, na Alemanha, ofereceu um prêmio de 100.000 marcos à pessoa que encontrasse uma demonstração para o teorema de Fermat. Em 1993, o matemático britânico Andrew Wilkes propôs uma demonstração ao teorema. Mas a proposição de solução não é suficiente para tal "jogo matemático", sendo necessário validar esta proposição de solução/demonstração na comunidade de matemáticos, uma parte igualmente importante desta atividade e, por consequência, parte deste jogo.

Assim, uma primeira aproximação entre a Matemática e o jogo é aquela de um olhar ao cerne da própria ciência matemática: o "jogo" na produção, na validação e na aplicação do saber pelos próprios matemáticos. Segundo Caillois (1967), esta aproximação é somente uma análise parcial e circunstancial da possibilidade de se estabelecer relações entre o jogo e a Matemática. A nossa análise nos leva a pousar algumas críticas a essa forma de aproximação entre o jogo e a Educação Matemática, uma vez que tais jogos-problemas possuem, normalmente, as seguintes características:

- É, sobretudo, uma atividade solitária, mesmo se a sua resolução deva ser validada num grupo socialmente constituído. Esta concepção de jogo prioriza, no momento da criação da solução, a ação cognitiva do sujeito socialmente isolado;
- Na atividade, a Matemática é ponto de partida e objetivo terminal do jogo. As ações cognitivas do sujeito são regidas pelas regras da Matemática enquanto ciência formal, de maneira que o jogador possa desenvolver procedimentos ditos criativos; a solução da situação posta é dada por um "modelo" único, dito "optimal" que possa ser algebricamente expresso;
- A atividade é concebida, destinada e validada por um grupo bem específico. Os sujeitos normalmente envolvidos possuem como condição *sine qua non* uma representação positiva em relação a sua própria capacidade de fazer Matemática. Essas atividades, portanto, não favorecem uma verdadeira "vulgarização" do saber matemático, mas favorecem a sua elitização.

Enfim, essa aproximação teórica entre o jogo e a Matemática possui, sobretudo, o interesse de mostrar a existência de certo "jogo" no fazer matemática. Nossa proposta vai em direção oposta a esta concepção, ou seja, de revelar e analisar a Matemática presente nos jogos realizados pelas crianças e pelos jovens.

Assim, buscamos delimitar nosso estudo no espaço de produção matemática de jovens estudantes, em situações de jogos espontâneos, atividades que não são classificadas pela literatura especializada como "jogos matemáticos". Buscamos identificar e analisar a Matemática presente nas produções cognitivas das crianças quando são livres de regras impostas pelos adultos.

Queremos discutir qual a natureza da relação entre o sujeito e a atividade matemática quando inserido em atividade lúdica fora de contextos escolares. Quais tipos de relações possíveis nós podemos identificar entre a criança que joga e o verdadeiro matemático no momento da produção e da resolução de problemas quando mergulhado na atividade lúdica? Qual a natureza da atividade matemática presente no jogo da criança quando esta se situa no seu próprio contexto sociocultural não escolar?

Capítulo III

O conceito de jogo: na busca de uma construção conceitual para melhor identificar e analisar a atividade matemática no jogo infantil

Nosso objetivo neste capítulo é precisar o conceito de "jogo" no contexto do nosso estudo quando buscamos relacionar a aprendizagem matemática com determinadas atividades denominadas "jogos". Para tanto, buscamos em autores clássicos teorias das aproximações entre o jogo e a educação, entre eles Caillois (1967) e Brougère (1997).

Inicialmente é necessário que saibamos que, segundo Brougère (1997), não existe na literatura um conceito pronto e acabado acerca da definição de jogo, exigindo um trabalho de construção conceitual por parte daqueles que o tomam como objeto de pesquisa. Segundo esse autor, é a polissemia do termo que o caracteriza. Buscaremos então responder à questão fundamental: o que é, para nós, um jogo? Esta é uma questão que todo educador deve se colocar quando buscar construir uma educação sustentada no lúdico.

O conceito construído não é uma proposta de definição a ser amplamente utilizada, pois se trata de ideia que visa à investigação no campo a que se destina, ou seja, na busca das relações entre o jogo e a Educação Matemática.

Caillois (1967) propõe um conjunto de cinco elementos que deve estar presente numa dada atividade para que ela seja considerada como jogo. Para ser jogo, a atividade deve ser livre, separada (tempo e espaço próprios), improdutiva e regrada, além de simular a realidade.

1) O primeiro elemento indica a **liberdade** do sujeito para que a atividade seja jogo. É necessário que o sujeito seja livre para escolher quando, onde, como e com que ele quer jogar. Este primeiro elemento impõe um problema de ordem metodológica para aqueles que querem desenvolver pesquisas sobre a atividade lúdica junto aos jogadores, em pleno jogo, sem quebrar o princípio de liberdade do grupo ou do sujeito.

Outra problemática que esse princípio conceitual impõe é ligada à utilização de jogos ditos educativos ou em aplicações em situações pedagógicas, com um contrato didático, podendo romper com este princípio. Se o jogo possui um valor para a aprendizagem e para o desenvolvimento da criança, como nos indica Vigotski (1994), uma preocupação do educador deve ser como transpor o jogo para o seio dos projetos pedagógicos sem romper o espírito de liberdade do sujeito.

2) Em segundo, Caillois (1967) indica que o **jogo se desenvolve em espaço e tempo** (categorias fundamentais do pensamento, segundo Kant) **determinados pelos próprios sujeitos**. Como podemos penetrar neste espaço e neste tempo sem quebrar seu princípio fundamental? Parece-nos que a noção de jogo como espaço reservado, fora da realidade, aponta-o como uma atividade neutralizada em relação aos obstáculos exteriores e momentâneos. O jogo ocorre numa meta-realidade que não se submete à realidade física e materialmente presente.

3) Um terceiro elemento importante no jogo é aquele indicado por Caillois (1967) como a **incerteza acerca dos procedimentos e resultados**. Mesmo num jogo de estratégias, por exemplo, em que poderíamos dizer que existe um modelo matemático dito ideal (ou optimal), a ignorância dos sujeitos deste modelo matemático é a garantia da existência da atividade enquanto jogo. Talvez, poderíamos dizer que a procura deste modelo é, ela mesma, um jogo muito fechado dentro de um sistema formal de regras matemáticas.

Não teríamos mais um jogo a partir do conhecimento deste modelo, pois o resultado do jogo, a partir deste conhecimento, seria conhecido por um ou mais jogadores. Nesse caso, a atividade pode se reduzir à simples reproduções mecânicas do modelo, o que se distancia da noção de jogo que procuramos construir.

Numa outra perspectiva, em relação ao critério da incerteza quanto ao resultado, afirmamos que a permanência do sujeito na atividade, assim como o desenvolvimento de suas ações cognitivas e sociais, são consequências diretas de sua crença de uma probabilidade, ao menos relativa, de ganhar a partida, mesmo que ela seja mínima. Quando o resultado não deixa mais margem de dúvida para um ou mais jogadores, o sujeito não participa mais da atividade da mesma maneira de quando o resultado era uma incerteza. Assim, temos como muito importante a introdução da incerteza na noção de jogo no nosso estudo.

4) **A improdutividade** da atividade, quarta condição indicada por Caillois (1967), é um elemento que impõe seguramente problemas em relação à nossa noção de jogo. O autor (1967, p. 43) descreve o jogo como:

> [...] não criando nem bens nem riqueza, nem elementos novos de nenhuma espécie; e, exceto deslocamento de propriedades no seio do círculo dos jogadores, terminando a uma situação idêntica àquela do início da partida.

Ou ainda, segundo esse autor (1967, p. 9) o jogo

> evoca uma atividade sem obstáculos, mas também sem consequências para a vida real. Ele se opõe ao sério e se qualifica assim de frívolo. Ele se opõe, de outro lado, ao trabalho como o tempo perdido ao tempo bem empregado. De fato, ele não produz nada: nem bens nem obras. Ele é essencialmente estéril. A cada nova partida, jogando todas as suas vidas, os jogadores retornariam ao zero e nas mesmas condições que do primeiro início.

Se considerarmos o jogo como uma atividade que não é absolutamente limitada aos condicionantes puramente materiais, podemos e devemos considerar as "disposições de ordem psicológica" como parte integrante e essencial da atividade que é o jogo e, também, contrariamente à Caillois (1967), estamos, portanto, longe de afirmar que o jogo seja uma atividade improdutiva.

Portanto, desenvolvemos um ponto de vista contrário àquela proposta por Caillois (1967) quanto ao quarto elemento. Na nossa concepção, o jogo é uma atividade produtiva, mas o que produz a atividade considerada como jogo não é materialmente concreto e, por vezes, nem mensurável, nem visível. O que o jogo pode produzir são elementos que pertencem ao espírito do ser que joga, produtos de ordem psicológica/informativa, estruturas de pensamento, valores, crenças, conhecimentos e metaconhecimentos.

Assim, no nosso processo de construção do conceito de jogo, preferimos dizer que, em oposição à Caillois (1967), **o jogo é materialmente improdutivo** em relação à própria atividade.

5) De acordo com o autor, para que uma atividade seja considerada como jogo, igualmente importante no nosso estudo, é a **existência de regras** na atividade "submissas às convenções que suspendem as leis ordinárias e que instauram momentaneamente uma nova legislação, é o que somente conta" (1967, p. 43).

Com relação à existência de regras na atividade, estamos plenamente de acordo com o autor supracitado e devemos levar em conta tal critério conceitual em nossa noção. As análises sobre os obstáculos impostos pelas regras e seus processos criativos desenvolvidos pelos jogadores são destacados pelo autor. Se de um lado, temos a imposição de regras, de outro, temos o desenvolvimento do potencial criativo do jogador durante a realização da atividade. De acordo com as ideias de Caillois (1967, p. 16),

> há o caso em que os limites se encobrem, em que a regra se dissolve e outros onde a liberdade e a invenção são próximas a desaparecer. Mas o jogo significa que os dois polos subsistem e que

uma relação é mantida entre uma e outra. Ele propõe e propaga estruturas abstratas, imagens de meios fechados e preservados, em que se pode exercer ideais concorrentes. Nestas estruturas, seus concorrentes são tanto modelos para instituições e para condutas. Asseguradamente, elas não são diretamente aplicadas ao real sempre turvo e equivocado, emaranhado e inumerável. Interesses e paixões não se deixam aí facilmente dominar. Violência e traição são aí moedas correntes. Mas os modelos oferecidos pelos jogos constituem antecipações do universo que convém substituir à anarquia natural.

Neste ponto, Caillois (1967, p. 39) converge para nossas noções de jogo como uma atividade psicologicamente produtiva, como podemos constatar

> um encadeamento conhecido antecipadamente, sem possibilidade de erro ou de surpresa, conduz claramente a um resultado fatal; é incompatível com a natureza do jogo. É necessária uma renovação constante e imprevisível da situação, como se ele produzisse a cada ataque ou a cada réplica no esgrima ou no futebol, a cada troca de bola no tênis, ou ainda aos cheques a cada vez que um adversário desloca uma peça. O jogo consiste na necessidade de encontrar, de inventar imediatamente uma resposta que é livre no limite das regras. Esta atitude do jogador, esta margem acordada à sua ação é essencial ao jogo e explica em parte o prazer que ele suscita.

Se a regra é um elemento que restringe as ações do sujeito, paradoxalmente, favorece o desenvolvimento da criatividade do sujeito que joga.

Assim, ao concebermos o jogo, devemos considerar que a existência de regras é elemento fundamental para a categorização de uma atividade como sendo jogo. Entretanto, a existência de regras não pode ser considerada de maneira absoluta. As regras existem na atividade tanto porque são a priori propostas, assim como porque elas são aceitas. As regras são discutidas, sobretudo são (re)criadas e (re)elaboradas a partir das interpretações, das representações e das conveniências dos jogadores.

Um importante papel das regras no nosso estudo é a de poder provocar nos sujeitos *esquemas de ação* (VERGNAUD, 1998). Seja seguindo regras, seja evitando recair sobre elas, os sujeitos, em especial, as crianças, mergulham num processo criativo de ordem psicológica essencial para nosso estudo. As regras, elas mesmas, podem traduzir um conhecimento sociocultural, exigindo dos sujeitos participantes atitudes e comportamentos já assimilados e/ou acomodados ou o desenvolvimento de novas competências ainda não disponíveis em seus repertórios. A atividade constitui, assim, em função de sua organização física, lógica e imaginária, uma representação do conhecimento de um contexto sociocultural dado.

É a partir do homomorfismo,[3] isto é, de um paralelismo entre o mundo real e o mundo imaginário construído durante e a partir da atividade lúdica que traduz uma representação do mundo sociocultural, que poderemos interpretar e analisar a atividade matemática presente nos jogos. A ideia fundamental é aquela proposta por Bruner (1987) na qual o jogo poderia ser visto como uma espécie de "minicultura" do próprio meio cultural no qual o sujeito está histórica e geograficamente inserido. Mas o jogo, ele mesmo, não é a própria cultura do mundo físico; é, tão somente, uma representação possível constituída na atividade lúdica, segundo sua estrutura física e suas regras. Assim, agir psicologicamente no jogo não significa, em absoluto, agir sobre o mundo real, mas existem relações indiscutíveis entre o mundo real e o mundo imaginário presente no jogo. É assim que a noção de homomorfismo pode contribuir para uma análise entre as duas dimensões da ação, no jogo e no mundo real. Para Vergnaud (1998, p. 17),

> um homomorfismo é uma aplicação de um conjunto dentro de outro, de forma que a estrutura de um reflete na estrutura do outro. Um homomorfismo não é necessariamente biunívoco, diferentemente do isomorfismo, o que significa que as classes

---

[3] Trata da transformação de um espaço, de um contexto, de um grupo para outro, mantendo preservadas as características, as propriedades das relações válidas entre elementos do primeiro espaço: aquilo que seria válido no primeiro contexto permanece válido no segundo contexto. O que é válido na realidade é válido no jogo sendo, portanto, o jogo um homomorfo de uma dada realidade.

do primeiro conjunto têm por imagem um mesmo elemento do segundo.

Vergnaud (1998, p 19) propõe diferentes categorias de homomorfismo: entre a realidade e a atividade operatória; entre os significados e os significantes e entre os sistemas de invariantes operatórios dos indivíduos e os sistemas de significantes e significados, o que é de fundamental importância para o olhar sobre o jogo como a construção de uma segunda realidade em que operam as ideias e os sujeitos epistêmicos que desenvolvem a atividade lúdica.

Assim, a análise das ações do sujeito na atividade em relação às regras deve levar em conta as semelhanças e as diferenças na estrutura proposta pelo jogo, sobretudo as regras, quando comparadas àquelas presentes no mundo real e sociocultural dos adultos.

Como as regras são, ao menos teoricamente, as mesmas para todo grupo, é importante, no estudo da Matemática presente nos jogos, analisar as discussões sobre o respeito às regras e também as representações do grupo acerca das mesmas, suas interpretações e, em decorrência, as propostas de mudanças do sistema de regras e determinação pelo grupo de penalizações impostas àqueles que não cumprirem o respeito pelas mesmas, sejam elas implícitas ou explícitas.

Como ponto de partida de nossa análise, temos como suposição que as ações individuais ou coletivas provocadas pelas regras, que estabelecem uma certa estrutura lógica, influenciam fortemente o pensamento lógico-matemático de cada sujeito na atividade. Assim, o tempo, o espaço, as quantidades, os valores, os procedimentos lógicos promovidos pelo conjunto de regras traduzem uma cultura matemática que faz parte do conhecimento matemático adulto. É neste sentido que a noção de homomorfismo contribui com nossa análise do processo de matematização no jogo infantil.

6) Por consequência, temos o **imaginário** e a **simulação** como último elemento proposto por Caillois. De acordo com suas ideias (1967, p. 43), para que uma atividade seja considerada como jogo deve ser "acompanhada de uma consciência

específica de uma segunda realidade ou de uma clara irrealidade em relação à vida real".

Assim, o jogo não se desenvolve na vida real, mas sobre uma representação de certo contexto, como propõe Bruner (1987) com a ideia de uma "minicultura". Na mesma perspectiva, Vigotski (1994) propõe que todos os jogos traduzem um mundo imaginário. No nosso estudo, a natureza lógica do mundo imaginário presente no jogo é importante, uma vez que possui elementos do mundo real da criança. É assim que poderemos analisar as relações existentes entre os conhecimentos matemáticos do mundo imaginário da criança e aqueles do seu mundo sociocultural. Uma das grandes diferenças nestes dois mundos de ação é mostrada por Bruner (1987) e por Vigotski (1994), pois, segundo esses autores, os sujeitos na situação de jogo são mais livres para tentar e testar comportamentos que são possíveis em uma situação real diante de um adulto e, sobretudo, sob os olhos de um professor.

A condição "ficção" é proposta por Brougère (1997, p. 48) num conjunto de critérios para que possamos considerar uma atividade como jogo. É por meio da noção de jogo como uma atividade do "segundo grau" que esse autor propõe a ideia do jogo como uma atividade que não se desenvolve no plano do real. Este critério exige, por consequência, que concebemos o jogo como uma atividade que apela às noções de *metacomunicação*. No jogo, o sujeito lida com sua capacidade de navegar entre o mundo real e o mundo imaginário construído a partir da estrutura material e simbólica do jogo. Este critério traz uma primordial contribuição para a definição de jogo, a partir das ideias de Brougère (1997, p. 48):

> [...] a consequência é que não é o comportamento que faz o jogo, mas o status (não literal, de segundo grau) que damos ao comportamento, *status* que supõe um acordo, não necessariamente verbal e, frequentemente, imediato, ligado ao contexto, aos jogadores...

Um segundo critério proposto por esse autor, em continuidade à noção de jogo como atividade de segundo grau (ou seja, que não se desenvolve no plano real, mas no imaginário dos jogadores), é a noção do jogo como **uma sucessão de descrições em que todo jogador é um "tomador de decisão"**. Esta ligação entre o jogo e o ato de tomar decisões é central na nossa concepção de jogo, permitindo uma análise da atividade matemática a partir da observação dos processos de construção e de resolução se situações-problemas que englobam a Matemática, seja como desafio, seja como instrumento de resolução. As decisões sobre os melhores procedimentos e instrumentos a utilizar e sua validação no grupo pode possuir importantes contribuições na descrição da natureza da atividade matemática estabelecida pelos sujeitos no jogo.

A **existência de regras**, ponto central na nossa definição de jogo, é o terceiro critério proposto por Brougère (1997) como resultante dos dois critérios anteriores. Segundo esse autor, as regras são uma consequência direta da decisão dos jogadores de aceitar as regras ou de construir regras. Neste critério, precisamos acrescentar o processo de validação de cada regra e do sistema de regras pelo grupo.

A **frivolidade** ou a **futilidade**, sendo o jogo atividade sem consequência, é o quarto critério proposto também por Brougère (1997).

A necessidade de desenvolver pesquisas científicas sobre o jogo para melhor compreender o fenômeno é confirmado no quinto critério desse autor em relação à **incerteza** sobre o desenrolar do jogo. Os sujeitos são os únicos responsáveis pelo desenvolvimento da atividade, pois, de acordo com Brougère (1997, p. 49), "é a situação, ela mesma, responsável pelo desenvolvimento como uma sucessão de decisões e seu término é um resultado aleatório." Este último critério mostra como uma "situação-didática" pode, ao menos no sentido conceitual, estar distante de atividades consideradas como jogo.

Assim, concebemos que a criança joga porque o jogo é um fato real e concreto no contexto sociocultural infantil. Ela desenvolve esta atividade em sua realidade ontológica como possibilidade:

- De manifestar seus sentimentos e suas formas mais espontâneas de pensar;
- De explorar seu meio físico/social/cultural a partir do estabelecimento de regras implícitas e explícitas;

- De se comunicar com o meio sociocultural, fenômeno ligado à noção de metacomunicação (comunicação consigo mesma, articulando o real com o imaginário);
- De uma coexistência dialética do imaginário com a realidade.

A partir das contribuições de Caillois (1967) e de Brougère (1995, 1997), nós precisamos a noção utilizada em nossos estudos. Para que uma atividade seja considerada como jogo é necessário que ela tenha alguns elementos: uma base simbólica, regras, jogadores, um investimento/risco e uma incerteza inicial quanto aos resultados. Algumas observações importantes sobre cada um destes elementos são necessárias:

- **As regras**: não são rígidas; elas podem ser descritas de forma tanto explícita quanto ficarem implícitas ao longo da atividade. As regras implícitas provocam comportamentos que, para os participantes, revelam conhecimentos evidentes, isto é, conhecimentos culturais que, para os jogadores, são indiscutíveis, já incorporados por cada participante evidenciando uma representação comum acerca da realidade. Assim, temos dois níveis de regras, um primeiro que comporta as regras propostas pela atividade, pelos seus criadores, e um segundo nível, as regras executadas pelo grupo durante a atividade. O segundo nível pode ser composto por interpretações das regras propostas, de regras criadas, de mudanças circunstanciais.
- **Os jogadores**: são os sujeitos que participam da atividade, não têm necessariamente uma ligação direta com o material concreto. Assim, um sujeito pode ser considerado como um jogador mesmo se ele não age diretamente sobre o material concreto da atividade. Ação no grupo pode ser realizada a parir de ações verbais ou gestuais etc.;
- **A situação** é constituída por situações-problemas formadas pelos próprios participantes a partir da estrutura material, das regras e do contexto imaginário, quer dizer que a partir de uma proposição lúdica (material e regras) os sujeitos

participam da atividade a partir de um processo ilimitado de (re)criação de situações-problemas. A situação prevê o engajamento espontâneo dos sujeitos na atividade da mesma forma que a atividade deve estar sempre relacionada a um contexto imaginário.

- **A incerteza quanto ao resultado** é que faz com que o sujeito continue a participar da atividade porque o mesmo não está seguro quanto ao seu resultado. Durante a atividade o sujeito trabalha com a probabilidade de ganho ou de perda. A probabilidade deverá influenciar na intensidade de participação e no desenvolvimento de suas estratégias e táticas.

Para responder às nossas questões, tivemos como fonte de informações jogos do contexto infantil nos quais as regras exigem de cada criança e do grupo como um todo, competências matemáticas. Concebemos o jogo como um legítimo espaço de criação e de resolução de problemas matemáticos. Na nossa concepção de jogo, no início da partida, os problemas inexistem, estando os sujeitos numa situação dita "neutra", estando os jogadores numa situação de igualdade, e o momento é caracterizado pela igual possibilidade de ganhar ou de perder. No final da atividade, os jogadores perdem o interesse em criar ou resolver problemas, pois já se conhece ao menos um ganhador e os perdedores, não estando mais numa situação dita neutra, mas, sim, marcada por uma forte assimetria. Como produto do jogo, temos a atividade matemática compartilhada no grupo por meio de processos de criação, resolução e validação de situações-problemas. Assim, no nosso estudo, temos o jogo como uma atividade de gestão de situações polarizadas, em que a noção de simetria proposta por Lévi-Strauss (1962, p. 46-47) ganha importância:

> [...] o jogo aparece então como *disjonctif*: ele termina com a criação de um afastamento diferencial entre os jogadores individuais ou de campo, que nada se designava no início como desiguais. Entretanto, no final da partida, eles se distinguirão entre ganhadores e perdedores. De maneira simétrica e inversa, o ritual é *conjonctif*, pois ele institui uma união (podemos dizer uma comunhão) ou, em todo caso, uma relação orgânica

entre dois grupos (que se confundem, no limite, um com o personagem celebrante, outro com a coletividade dos fiéis) e que estavam dissociados no início. No caso do jogo, a simetria é então pré-ordenada; e ela é estrutural, porque advém do princípio de que as regras são as mesmas para os dois grupos. A assimetria é engendrada, advém da contingência dos eventos, que aqui emergem da intenção do acaso, ou do talento. No caso do ritual, é o inverso: impomos uma assimetria preconcebida e postulada entre profano e sagrado, fiéis e celebrantes, mortos e vivos, iniciados e não iniciados etc.; e o "jogo" consiste em fazer passar todos os participantes do lado ganhador da partida, por meio de eventos nos quais a natureza e a ordenância têm a característica realmente estrutural.

Ganhar ou perder é ligado à competência de cada participante, de maneira isolada ou cooperativa, de criar ou impor situação-problema aos adversários ou, ainda, à capacidade de resolver problemas colocados por adversários durante a atividade lúdica.

A criação de problemas se desenvolve a partir da proposição lúdica, utilizando a estrutura material e o mundo imaginário propostos, buscando respeitar as regras tomadas pelo grupo e colocar o adversário em situação de fracasso. Cada jogador deve, no mesmo tempo que cria problemas, tentar resolver os problemas impostos pelos adversários. É neste sentido que emprestamos as noções de aprendizagem e de inteligência atreladas à noção de ação sobre o meio.

Se existe aprendizagem durante a atividade a partir de situações-problemas, apesar de não ser objetivo da atividade lúdica, neste sentido, não podemos tomar o jogo como uma atividade improdutiva. O objetivo do nosso estudo é a análise da produção de conhecimento matemático realizado por meio dos processos de construção e de resolução de situações-problemas ligadas às regras, à estrutura material e ao mundo imaginário que traduzem o contexto sociocultural de referência da atividade lúdica.

As crianças jogando, mesmo quando em atividades solitárias, desenvolvem determinada atividade matemática num processo de criação ou de resolução de problemas que as lançam a colocar em cena suas capacidades cognitivas, sejam conhecimentos já adquiridos, sejam suas capacidades de criar e de gerenciar novas estratégias do pensamento. Neste processo, a criança pode utilizar conhecimentos matemáticos adquiridos na escola ou, ainda, utilizar conceitos e procedimentos que não são tratados no contexto escolar.

Desse modo, retomamos ao pensamento desenvolvido por Bruner (1987) quando ele enfatiza que os valores e as representações presentes no contexto de ação do sujeito podem determinar a utilização de ferramentas culturais no contexto de resolução de situações-problemas, ferramentas essas presentes no jogo, em que o conhecimento da Matemática se encontra de maneira necessária e desejável. Esta noção é coerente com a ideia do jogo como uma "caixa de ferramentas culturais".

Se o conhecimento matemático presente no jogo é uma representação dos conhecimentos culturais da Matemática do mundo adulto, abordagem defendida pelo autor supracitado, a criança tenta nele procedimentos que não tentaria em situações reais. Afinal, esses comportamentos são fundamentais para o desenvolvimento do espírito matemático da criança em relação às suas necessidades de compreender e de explicar o mundo, mesmo se tratando de um mundo imaginário proposto pelo jogo e, por consequência, uma representação de seu contexto sociocultural.

Capítulo IV

As atividades matemáticas nos jogos presentes na cultura infantil

No capítulo anterior buscamos descrever algumas aproximações teóricas propostas que nos levam a uma identidade entre o trabalho matemático e o jogo: a própria atividade matemática vista do ponto de vista de um jogo. Assim, aquele que desenvolve Matemática na academia acaba por desenvolver um tipo de jogo.

Neste presente capítulo, queremos discorrer sobre outra possibilidade de conexão entre Matemática e jogo: antes de terem uma mesma identidade, trata-se de coisas distintas. O jogo não é Matemática pura, uma vez que a Matemática é tão somente um dos elementos que constituem a atividade. A criança desenvolve mais que Matemática ao mergulhar no jogo, e a Matemática presente na atividade é apenas uma das categorias possíveis de compreensão e de análise da atividade lúdica.

Entre possibilidades e limites: analisar a Matemática presente no jogo infantil

Robinet (1987, p. 4) destaca a potencialidade dos jogos para mobilizar conhecimentos matemáticos em três domínios fundamentais: a geometria, a aritmética e a lógica:

> o domínio geométrico: descoberta e domínio do espaço, dos deslocamentos, das propriedades das figuras [...] O domínio

numérico: a descoberta das propriedades dos números, utilização da numeração, da decomposição dos fatores primos, resolução de igualdades [...] O domínio lógico: combinatório com a contagem de todas as possibilidades, dedução, pesquisa de estratégias.

São essas potencialidades do jogo para tratar dos objetos matemáticos (não reconhecidas por nossa Carolina) que parecem levar educadores a propor a utilização do jogo para favorecer a atividade matemática no contexto escolar, sobretudo a partir de jogos classificados como "educativos". É necessário destacar que este interesse implica não somente na oferta de jogos, mas na elaboração de jogos a partir de conceitos e conteúdos matemáticos escolares preestabelecidos por programas escolares.

A noção de uma potencialidade do jogo em relação à matemática não deve ser tomada como certa panaceia para os problemas existentes no ensino da Matemática. O educador crítico deve ter muita precaução e dúvidas quanto à possibilidade de certas aprendizagens matemáticas a partir do jogo. Robinet (1987, p. 4) indica cinco "inconvenientes" do jogo em relação à aprendizagem matemática:

> 1) O jogo não é o treinamento mais eficaz para a aquisição de uma noção: aprendemos propriedades dos números primos com certos jogos, mas haverá seguramente um desperdício se o saber colocado em jogo não é institucionalizado pelo professor e reforçado por exercícios apropriados; 2) O jogo, por natureza, é uma atividade descontraída, então, "não séria" e os alunos arriscam a não se investirem plenamente a não ser em uma atividade escolar clássica que socialmente é garantia de uma aprendizagem eficaz; 3) O disfarce lúdico pode, por vezes, fazer esconder as noções matemáticas subjacentes que queremos fazê-lo estudar; 4) No jogo de estratégia, como no *jogo de mim*, desde que encontramos a estratégia ganhadora, não podemos mais jogar, pois o vencedor é conhecido por antecipação; 5) O aspecto "jogo" pode ser, por vezes, atraente, a tal ponto de desviar os alunos do objetivo visado pelo professor: aprender a Matemática em proveito da pura distração.

Um aspecto da forte oposição à relação entre jogo e Matemática é precisamente seu aspecto de sujeição quando à aprendizagem, sendo esta mais importante que a própria ludicidade da atividade: a característica do jogo como atividade livre pode ser um obstáculo para a aprendizagem matemática escolar, pois o sujeito pode não respeitar as imposições próprias da Matemática na situação do jogo. É a partir deste raciocínio que o autor citado anteriormente mostra os limites do jogo para a aprendizagem Matemática. Parece que o conceito de jogo é empregado de maneira imprópria em sua obra, que não considera a existência de imposição em atividades consideradas como jogos, via um sistema de regras.

Uma posição mais absoluta ainda é aquela de Planchon (1989), pois, trabalhando no contexto da (re)aprendizagem matemática, esse autor afirma que, ao menos no domínio que ele trabalha, "a Matemática não é um jogo". Para a criança que encontra dificuldades de aprendizagem em Matemática e que é objeto de (re)aprendizagem, a Matemática é tomada somente por meio da labuta. De acordo com esse autor:

> Para uma criança escolarizada, a Matemática é um trabalho, vivido somente mais perto do sentido etimológico deste termo. Fazer matemática exige esforço de atenção, concentração, reflexão, memorização e supõe a observância de regras impostas que o sujeito não pode mudar segundo a sua vontade, e que não pode se retirar da partida quando se encontra muito mal. Parece que pretender domesticar a criança em dificuldade lhe apresentando a matemática como um jogo revelaria uma enganação, no sentido em que tal discurso se inscreve em contradição com a dramatização escolar no qual esta disciplina é o objeto. Parece-nos mais útil e eficaz não escamotear a dimensão laboriosa própria desta atividade (dimensão suada e não sedativa) e de engajar a criança a um real trabalho efetuado, vivido e sentido como tal, a uma atividade intensa que seja, à sua medida, mais fonte de valorização e que lhe revela que no fundo ficam sempre coisas a compreender e a descobrir.

Se estivermos de acordo com o autor ao dizer que Matemática não é simplesmente jogo, ao menos no âmbito de uma identidade absoluta, podemos, opondo-nos a ele, contestar o distanciamento absoluto que ele sugere entre aprendizagem matemática e jogo: não podemos concordar com a total ruptura entre atividade de jogar e atividade matemática. Em revanche, poderemos dizer, emprestando as próprias palavras do autor, que uma atividade classificada como jogo "exige esforço de atenção, concentração, reflexão, memorização e supõe o respeito às regras impostas que o sujeito não pode mudar à sua vontade e bel-prazer". Desta maneira, é difícil de não considerar a aproximação entre jogo e aprendizagem matemática. Se considerarmos a questão das regras do jogo, os sujeitos podem, sim, alterá-las, enquanto que, na Matemática, de certa forma, as regras são fixas (ao menos relativamente). Dizemos que o jogo também é uma atividade munida de regras, e se podemos alterá-las, as mudanças não são totalmente livres de imposições, sobretudo quando se trata de uma atividade compartilhada no grupo: as regras são frutos de um acordo entre os participantes na atividade e as imposições das regras são partes integrantes da atividade classificada como jogo, assim como o é na atividade matemática dentro da comunidade científica.

Devemos nos lembrar da noção da construção do conhecimento matemático enquanto rupturas graduais da situação real e concreta. A matematização só é considerada de fato a partir de um grau de teorização da situação real: assim como o jogo, ela não ocorre no primeiro plano, mas, sim, no espaço das ideias e dos conceitos. A atividade matemática se realiza a partir de modelos da realidade fundamentada em objetos idealizados pelo pensamento humano e, nesse sentido, o processo de modelagem se reveste de grande importância no processo de construção do conhecimento. A atividade matemática se caracteriza pelo labor e pelo respeito às regras impostas pelas ciências ditas exatas e puras, enquanto que o jogo se caracteriza pela liberdade e pelo divertimento. Assim, segundo esse autor, a atividade matemática se encontra em espaço epistemológico diferente daquele em que se situa o jogo. Se no jogo a liberdade é absoluta, não podemos conceber a atividade matemática no espaço do jogo. Entretanto, não podemos considerar a existência de uma liberdade absoluta no jogo, sobretudo se a existência de regras é um fator condicional para que uma atividade seja considerada como jogo. Em consequência da presença das regras, devemos considerar a relatividade da liberdade do sujeito nas atividades classificadas como jogo e considerar a possibilidade da existência de uma atividade matemática no jogo fundamentado sobre regras.

Tendo o estudo da matemática realizada em jogos como objeto de investigação, devemos destacar, na construção de nossa tese, os seguintes pontos:

- Existem jogos que são concebidos com o objetivo exclusivo de favorecer a transmissão de determinado saber matemático, que se caracterizam, sobretudo, como materiais didáticos;
- Ao analisar um jogo, o educador sempre se apoia em determinado conceito de matemática e, quando se estrutura uma atividade lúdica, acaba por privilegiar determinado saber matemático em detrimento de outros;
- O jogo deve ser visto como uma subcultura do mundo adulto, reproduzindo contextos matemáticos por meio de situações que nunca são desprovidas de significado;
- Os contextos propostos são fonte de inspiração e motivação para o engajamento dos jogadores.

É nesse contexto que buscamos desenvolver nossa análise sobre as possíveis relações entre jogo e atividade matemática, em especial quando se trata de uma criança enquanto jogadora, quer dizer, situar o jogo e a atividade matemática dentro de um mesmo domínio epistemológico, no qual são, de certa forma, assemelháveis. Consideramos a possibilidade de uma relação entre o jogo e a Matemática, em função do conceito da Matemática que assumimos: a atividade cognitiva realizada pela criança para elaborar, resolver e validar situações-problemas. Isso implica que a atividade matemática da criança no contexto do jogo não precisa estar ligada diretamente às concepções formais da Matemática escolar. O fazer matemática em nosso estudo, pode e deve implicar no desenvolvimento de conceitos e de procedimentos por vezes desconhecidos e/ou negados pela escola e pela academia.

Entretanto, por vezes, o conhecimento matemático escolar é tomado como ponto de partida para a análise da atividade matemática realizada no jogo: o saber escolar é ponto de partida e de chegada à validação das produções matemáticas no contexto do jogo. Essa referência teórica e metodológica revela-se insuficiente e inadequada para a análise do potencial matemático da criança que joga, como veremos a seguir, revelando apenas uma faceta possível dentro de uma realidade mais complexa.

Ao adotarmos a perspectiva de uma Matemática escolar para se conceber a possibilidade de relação entre jogo e Matemática, encontramos suas consequências indesejáveis. Uma primeira é ligada à própria produção do jogo, quando são produzidos para favorecer a aprendizagem matemática, a se realizar dentro ou fora da escola. Esses são jogos classificados como "matemáticos" ou, simplesmente, "educativos". Trata-se de conceber, produzir e oferecer jogos às crianças, que serão mediadores da aprendizagem de saberes matemáticos próprios de manuais escolares.

Uma segunda perspectiva produzida a partir da concepção de matemática escolar será a maneira como se observa o jogo realizado pela criança para identificar seu conteúdo matemático presente na atividade ou, simplesmente, analisar as situações matemáticas propostas pelo jogo. A concepção de Matemática define o viés a partir do qual o educador ou o pesquisador vai analisar a atividade matemática presente no jogo: ela pode ser tanto uma lupa quanto um "tapa olho" no processo de identificação da matematização presente nos jogos.

O conceito de Matemática presente na análise de jogos: quando um conceito de Matemática limita as possibilidades de casamento entre jogo e aprendizagem matemática

Entre muitos sistemas internacionais de classificação dos jogos e brinquedos utilizados junto aos produtores, pesquisadores e educadores, tomamos como referência o mais conhecido no meio educativo, que é o Sistema ESAR, desenvolvido pela pesquisadora canadense Denise Garon (1985) para demonstrar a influência do conceito de Matemática na forma de se analisar o jogo. Esse sistema é escolhido por uma dupla razão: inicialmente, pela sua convergência teórica entre a abordagem psicológica do sistema proposto por Garon e a teoria piagetiana, e, em segundo, em função de sua alta difusão no meio de pesquisadores, especialistas e profissionais do jogo.

O sistema **ESAR** – jogos de *Exercices*, jogos *Symboliques*, jogos *d'Assemblage* (de construção) e jogos de **R**egras (simples ou compostas) – fundamentado nos três estágios do desenvolvimento do jogo infantil segundo Piaget, jogos de exercícios, jogos simbólicos e jogos de regras, é baseado sobre princípios de ordem e sobre um princípio de unidade. O princípio de ordem é, em resumo, um princípio próprio da concepção de desenvolvimento da teoria piagetiana: uma categoria de certa ordem engloba as características das categorias de ordens anteriores.

Estes princípios têm como função a possibilidade de uma hierarquização na classificação a partir da análise da estrutura do jogo. É necessário destacar a diferença significativa existente entre uma análise da estrutura material do jogo e uma análise da atividade desenvolvida pelos sujeitos a partir de uma estrutura material. Assim, é necessário destacar o objetivo deste sistema para que compreendamos seus limites a partir das ideias de Garon (1985, p. 16):

> O sistema ESAR se propõe, de início, a analisar os objetos do jogo para melhorar a escolha que fazemos e para melhor compreender a criança que brinca. Esta classificação se apresenta, então, como uma grade de análise para avaliar o legado psicológico e pedagógico dos acessórios do jogo que as crianças têm habitualmente sob suas mãos, seguindo etapas de seu desenvolvimento.

Assim, o sistema propõe uma estratégia de classificação dos jogos a partir da concepção piagetiana sobre o desenvolvimento da criança. Isso significa que a relação da criança com seu meio, no qual o jogo é presente, deve ser analisado respeitando o estágio de desenvolvimento do sujeito, para que possamos prever as capacidades de ordem psicológica: o desenvolvimento da criança é a base para a análise de suas possibilidades de ação sobre o objeto e também do objeto sobre a criança.

A estrutura do sistema ESAR é constituída por categorias de análise denominadas facetas. Numa primeira versão do sistema, as facetas são quatro: Atividades Lúdicas, Condutas Cognitivas, Habilidades Funcionais e Atividades Sociais. Posteriormente a essas foram acrescentadas outras duas: Habilidades Linguísticas e Condutas Afetivas (FILION; DOUCET, 1993), que traduzem as diversas possibilidades de analisar um jogo.

Como já dissemos, a primeira faceta (que empresta as letras para nomeação do sistema) descreve a evolução do jogo na criança a partir da teoria piagetiana, e propõe uma classificação de acordo com o nível de desenvolvimento do jogo infantil: jogos de exercícios, jogos simbólicos, jogos de construção, jogos de regras simples e jogos de regras complexas (PIAGET, 1932). As categorias de jogos de construção e a divisão dos jogos de regras em duas subcategorias é uma consequência das três categorias inicialmente propostas por Piaget, ou seja, jogos de exercícios, jogos simbólicos e jogos de regras.

A faceta de condutas cognitivas, que é também fundamentada na teoria piagetiana do desenvolvimento humano, tem por objetivo indicar as possibilidades cognitivas da criança na atividade lúdica de acordo com seu estágio de desenvolvimento. Entretanto, a partir das considerações de Garon (1985, p. 19), as outras facetas não têm como fundamento a teoria piagetiana:

> Duas outras vão se inserir a esta dinâmica piagetiana: uma descrição dos repertórios de habilidades particulares atualizadas em toda atividade do jogo, tais quais apresenta Willian Ataats, e uma análise, inspirada de Parten, os comportamentos sociais presentes no jogo, do mais individual ao mais altamente socializado.

Como a perspectiva da presença de atividade matemática no jogo pode ser considerada no sistema ESAR? Nós diríamos que a questão da Matemática no sistema possui uma dupla presença: na faceta de atividades lúdicas e na faceta de condutas cognitivas.

A faceta de Atividades Lúdicas é dividida em quatro níveis que indicam a evolução do jogo na criança de acordo com a referência teórica tomada por essa autora. Centramos nosso interesse no terceiro nível desta faceta, ou seja, **jogos de regras simples**, e sobre o quarto nível, aquele dos **jogos de regras complexas**.

O sistema aloca os jogos matemáticos no terceiro nível e os jogos de análise matemática no quarto nível. Não encontramos neste sistema, muito utilizado por educadores e pesquisadores, o estabelecimento da relação jogo e Matemática fora destes dois níveis na faceta de atividades lúdicas. Este posicionamento teórico nos impõe problemas fundamentais: mesmo se considerarmos os princípios de ordem e de unidade, interrogamo-nos sobre a questão de saber se é adequado alocar a atividade matemática estrita e unicamente nestes dois níveis. Entendemos que a forma de alocação da atividade matemática no sistema está de acordo com o referencial teórico sob o qual o mesmo é concebido por Garon. Piaget concebe a construção do número pela criança de acordo com seu nível de desenvolvimento cognitivo, ou seja, em relação à evolução das operações lógico-matemáticas, que somente se realiza por volta de 6 anos de idade, em média, quando a criança evolui do pensamento centrado para um pensamento mais descentrado, do pensamento pré-operatório para o pensamento de operações concretas, assim que o sistema respeita a visão de desenvolvimento das atividades lúdicas na criança. Nossa crítica recai sobre a adequação teórica para se analisar o potencial matemático da criança no jogo: não haveria existência de atividade matemática nos jogos infantis fora destes dois níveis? Não poderíamos analisar um jogo em relação ao fazer matemático de uma criança em outros níveis? Não poderíamos falar na presença de uma Matemática antes deste nível? Precisa a criança concluir a construção do número para realizar certa atividade matemática? Será que a atividade matemática no jogo é presa à aquisição do conceito de número e das operações lógicas pela criança?

Pressupomos que uma criança de menos de cinco anos pode realizar muitas aprendizagens matemáticas iniciais ao participar de um jogo como a Amarelinha, uma vez que, nesta atividade lúdica, apesar de ainda não estar no âmbito dos jogos matemáticos segundo o sistema ESAR, mobiliza ideias de sucessores, ordens crescente e decrescente, assim como noções topológicas interiores, exteriores e fronteiras. São aprendizagens que podem fazer a diferença no processo de alfabetização matemática.

Acreditamos que a partir dos princípios de ordem e de unidade, o conceito de jogos matemáticos poderia ser tomado de forma a garantir uma análise mais ampla dos jogos em relação ao conhecimento matemático que eles podem suscitar.

O sistema ESAR propõe um conceito de jogo matemático que permite conceber uma atividade matemática lúdica fora do contexto dos matemáticos. Esse conceito no sistema permite conceber a ideia que a atividade lúdica possa permitir a realização de atividade matemática, entretanto impõe dois problemas fundamentais: a concepção de atividade matemática está ancorada à concepção piagetiana de desenvolvimento e, por consequência, os jogos matemáticos devem respeitar o desenvolvimento já realizado pela criança para que possamos propor uma estrutura lúdica que favoreça determinadas tarefas matemáticas. Em segundo, o conceito adotado é restrito à reprodução do conhecimento e, por consequência, o conceito não considera nem a possibilidade da produção de conhecimento matemático no jogo nem a possibilidade de um conhecimento matemático no jogo que não é tratado na escola. Segundo Garon (1985, p. 77):

> A 4.11 – Jogo matemático: procedimento lúdico fundado sobre o respeito às ordens simples e mais ou menos numerosas visando a orientar, a controlar aprendizagens matemáticas precisas ou a utilizar os conhecimentos já adquiridos neste domínio.

Podemos mesmo nos questionar se este conceito não seria mais adequado para classificar os materiais pedagógicos que objetivam determinadas aprendizagens matemáticas e subsidiar processos de controle pedagógico sobre as atividades matemáticas, a fim de garantir produtos bem precisos. O bom utilizador do sistema ESAR, respeitando os princípios e este conceito, deve necessariamente classificar muito poucos jogos neste descritor. E mais, jogos que possuem números, medidas, formas geométricas como base simbólica da atividade lúdica, mas sem prever a orientação e o controle da aprendizagem matemática, poderão vir a não serem classificados como "jogos matemáticos".

Ou ainda, a partir deste sistema não podemos conceber a possibilidade de classificar um jogo criado para crianças com menos de 6 anos como um jogo matemático, mesmo que este jogo venha a tratar de quantidades, números, formas etc.

Uma segunda ligação direta entre jogo e Matemática na faceta de atividades lúdicas no ESAR é indicada pelo descritor A 5.07, no nível de regras complexas, afinal, de acordo com Garon (1985, p. 79) o "jogo de análise matemática é um procedimento fundado sobre a análise e a resolução de problemas complexos aritméticos, algébricos, geométricos, topológicos".

Muitos são os problemas impostos por esse conceito. Inicialmente, o conceito de análise é considerado muito **inconsistente** (*flou*) e muito geral. Se considerarmos a análise como uma operação mental e materiais ligados à resolução de problemas e se considerarmos também a capacidade de explicação de uma situação, fazendo relações entre as partes e o todo, a análise pode ser vista como uma competência cognitiva, fruto de uma construção realizada pela criança que se realiza desde os primeiros anos de vida, não poderemos, então, aceitar relegar a resolução de problemas ao último nível da faceta de Condutas Cognitivas, como o Sistema propõe.

Preferimos considerar a forte e estreita ligação entre jogo, atividade matemática e resolução de problemas, o que amplia em muito as possibilidades de classificar os jogos em consonância à análise matemática. Além disso, estando de acordo com Jean Piaget (1947), a capacidade de produzir e resolver situações-problema prevê uma evolução ao longo do desenvolvimento infantil, não nos permitindo isolar a questão da resolução de problemas exclusivamente no nível de operações formais.

Respeitando o conceito proposto pelo sistema, não temos condições de analisar esta evolução a partir das atividades lúdicas, uma vez que no ESAR a resolução de problemas é considerada como presa à noção de análise matemática fundada na álgebra. Esta conclusão é realizada a partir de uma coerência com a noção de um modelo dito optimal de resolução ligada aos repertórios cognitivos próprios do sujeito com mais de 12 anos de idade, ou seja, de refletir sobre hipóteses e de realizar deduções a partir de modelos ditos *abstratos*. Isso revela certa influência do movimento reconhecido internacionalmente como da "Matemática Moderna" (anos 60/70), propondo uma noção de "problemas complexos" que elimina a possibilidade de conceber atividade matemática em jogos em que as situações são complexas, não ao olhar do matemático, mas para o próprio jogador em processo de criação e de resolução de problemas, mobilizando elementos da aritmética, da geometria e da topologia.

Outra presença de conhecimento matemático na classificação de jogos é observada na faceta de condutas cognitivas. Aqui, o que está em questão é a própria concepção piagetiana sobre a evolução das capacidades cognitivas sobre a qual o ESAR está fundamentado. Ao nível da conduta operatória concreta, muitos descritores indicam uma ligação explícita entre os jogos e o conhecimento matemático, em especial, a enumeração (contagem) e as operações numéricas, que são focos centrais de nosso estudo. Para Garon (1985, p. 84):

> B 4.05 Enumeração: operação fundamental de contagem de uma sequência de unidades.
> B 4.06 Operações numéricas: operações fundamentais permitindo comparar e transformar as unidades por combinações diversas, equivalências, inversões, correspondências numéricas (adição, subtração, multiplicação, divisão etc.

Nossa crítica sobre a existência de um descritor único que trata das operações matemáticas na faceta de condutas cognitivas reencontra as mesmas críticas feitas anteriormente à teoria piagetiana apoiadas em teóricos como Gardner (1996a, 1996b, 1996c), Dehaene (1997) e Brissiaud (1989) entre outros. A deficiência de uma análise das ligações entre os jogos e o conhecimento matemático sustentado no ESAR é a consequência direta, seja de um isolamento da Matemática em determinados descritores, seja em função da má concepção dos descritores em relação à forma como define o conhecimento matemático no contexto do jogo.

A classificação das atividades lúdicas no sistema ESAR indica uma análise do jogo a partir de limites existentes no desenvolvimento da criança segundo sua idade, quer dizer, que o jogo neste sistema é classificado segundo estágios piagetianos do desenvolvimento da criança. Por consequência, a produção e a oferta do jogo à criança, segundo o ESAR, ao menos teoricamente, são fundamentadas no desenvolvimento e nas aprendizagens já realizadas pela criança. Os jogos são classificados de acordo com as expectativas do adulto em relação à atividade a partir de garantias mínimas indicadoras do desenvolvimento infantil.

Se a referência teórica não fosse aquela de Piaget, o sistema teria um olhar diferente em relação à maneira de estabelecer as ligações entre jogos e atividades matemáticas suscitadas pela estrutura lúdica (base material, regras e contexto imaginário). Se o ESAR não classificasse o jogo estritamente sobre o desenvolvimento já realizado e estivesse estruturado a partir do potencial real de a criança aprender e, portanto, se desenvolver (VIGOTSKI, 1994), o sistema teria, certamente, uma concepção diferente acerca das possibilidades de relacionarmos jogos e Matemática. Entretanto, ainda tendo o mesmo fundamento piagetiano, se o sistema tivesse considerado a possibilidade de construção de conhecimento matemático no jogo (e não apenas a sua reprodução), assim como a possibilidade de construção e de resolução de situações-problemas no jogo, mobilizando conceitos matemático tais como o número, as operações, o espaço, as medidas, as probabilidades, os gráficos etc., a visão da presença de aprendizagens matemáticas no jogo seria bem mais ampla.

A nosso ver, o olhar para a atividade matemática que os jogos suscitam não deveria estar inserido, encarcerado em uma ou outra faceta. Estando de acordo com a necessidade de aperfeiçoamento, expansão e adequação do sistema, assim como Filon e Doucet (1993) o fizeram propondo duas novas facetas (a faceta de Habilidades Linguísticas e a faceta de Condutas Afetivas), acreditamos ser válido pensar na possibilidade de uma faceta se Habilidades Lógico-Matemáticas.

Uma faceta de habilidades lógico-matemáticas simplificaria a possibilidade de analisar os jogos e os brinquedos em relação ao conhecimento matemático, qualquer que fosse a idade da criança. Poderíamos, assim, analisar todo o universo dos jogos com relação ao desenvolvimento da criança, mas também em relação à sua capacidade de produção de um determinado conhecimento matemático a partir da atividade lúdica e, portanto, aprender alguma Matemática no próprio jogo.

    Isso permitiria uma melhor análise da atividade matemática presente nos jogos realizados pela criança e uma percepção de como o material lúdico pode favorecer, ou não, o desenvolvimento matemático no momento que favorece aprendizagens, respeitando as características próprias de cada criança.

Capítulo V

O espaço pedagógico do jogo na Educação Matemática

As relações entre jogo e Matemática são muito ligadas às questões epistemológicas associadas, seja a natureza da atividade considerada jogo, seja a concepção da construção do conhecimento matemático, como vimos nos capítulos anteriores.

Questões de ordem filosófica sobre a concepção da produção e do desenvolvimento matemático mostram bem a complexidade do fenômeno de inter-relação entre jogo e Matemática. Isso constatado, partimos do pressuposto que os conceitos matemáticos são, sobretudo, ligados a elementos abstratos, criados pelo pensamento humano, uma vez que o trabalho do matemático se realiza sobre um mundo abstrato, imaterial, essencialmente no campo conceitual. Devemos, na mesma intensidade, considerar que é o mundo material, concreto e real, ao menos no ensino fundamental e na educação infantil, que dá o sentido e a vida a estes elementos matemáticos, tão importantes, no processo de conceitualização. É exatamente esta dualidade entre a fonte interna de produção de elementos altamente abstratos da Matemática (o número, o ponto, a reta, o círculo, o infinito, a medida e as proporcionalidades) e a necessidade de uma motivação, interna e externa ao sujeito para a realização da atividade matemática, que abre uma importante perspectiva de associação entre jogo e

Matemática. Esta dualidade é assim concebida por Planchon (1989, p. 81) quando afirma:

> Convém mostrar que o pensamento em geral e os processos matemáticos em particular, podem se realizar a partir de finalidades exteriores a eles mesmos e se colocar a serviço de conhecimentos, de descobertas e realizações concretas. Encontramos aí uma bipolaridade da atividade matemática tanto que ela funciona às vezes por sua própria conta e em vista de aplicações ao nível da realidade. Parece-nos que a motivação a ser colocada em cena no processo de pensamento baseado sobre objetos matemáticos deve ser regularmente e secundariamente associada à motivação nascida do aumento do empreendimento (intelectual e físico) sobre o meio que procura a aplicação prática e utilitária dos resultados da atividade. O pensamento se prolonga em ação, uma ação sendo ela a porta e que enriquece o conhecimento que o indivíduo tem de seu ambiente. A atividade matemática tanto participa deste movimento quanto responde àquilo que Lichnerowicz designa como necessidade primária comum da humanidade: a ambição de compreender.

Precisamos considerar que a matemática é produzida pela cultura durante gerações e mais gerações, não sendo esta uma produção de um sujeito isolado. Por consequência, é necessário levar em consideração os espaços de transmissão e de validação do conhecimento matemático, de um sujeito a outro, de um grupo a outro, de uma cultura a outra e, enfim, de uma geração a outra. Isso requer conceber uma transmissão do conhecimento realizada a partir de instituições mediadoras, tais como a escola e a academia, o comércio e a indústria, os objetos culturais, como material impresso ou televisivo e, de maneira especial, os jogos. Ou seja, vermos os jogos como um dos muitos instrumentos socioculturais de difusão e de validação de saberes matemáticos.[4]

---

[4] Dois livros da coleção que podem trazer importantes contribuições sobre o valor da sociocultura na aprendizagem matemática são: *Etnomatemática: elo entre as tradições e a modernidade*, de Ubiratan D'Ambrosio, e *Interdisciplinaridade e aprendizagem da Matemática em sala de aula*, de Vanessa S. Tomaz e Maria M. S. David.

Nesta perspectiva dos jogos como mediadores de determinados saberes matemáticos, validando ou descartando determinadas formas de conceber a atividade matemática, nos colocamos algumas reflexões traduzíveis em questões de investigação: Podemos conceber algum tipo de atividade matemática nos jogos espontâneos das crianças? Em que medida as ações psicológicas desenvolvidas nos jogos podem se assemelhar àquelas desenvolvidas por um matemático em processo de resolução de situação-problema? Quais tipos de contribuições para o desenvolvimento do espírito matemático o jogo pode oferecer para a criança que joga? Quais tipos de jogos podemos associar à produção matemática e a partir de quais elementos da atividade lúdica essa associação é possível? De que maneira a atividade lúdica classificada como jogo pode se associar à Matemática, sua produção e sua aprendizagem?

Encontramos, em nossas pesquisas bibliográficas, grande variedade de maneiras de conceber o jogo como elemento motivador do "fazer Matemática" pela criança. Cada concepção carrega uma visão diferente sobre o espaço do jogo na Educação Matemática. A maioria dessas noções situa pedagogicamente o jogo seja num momento introdutório do processo de matematização, seja num momento posterior à aprendizagem matemática em si, ou seja, da aplicação concreta da aprendizagem já efetivada. Este fenômeno é mais evidente se considerarmos que a Matemática é concebida como uma atividade realizada no segundo grau, própria do espírito humano, realizada no plano da atividade cognitiva, nem sempre exteriorizada. Por sua vez, nestas noções, o jogo é tomado como atividade mais ligada à estrutura material da atividade lúdica, ou seja, no plano da materialidade, distante do *locus* da Matemática e, contrariamente, à concepção que temos de jogo.

O conceito de atividade matemática, em geral, assume que a Matemática se realiza no âmbito de abstração do real. Com isso, a possibilidade de relação entre jogo e Matemática é teoricamente possível quando tomamos como pressuposto que o jogo, assim, como a Matemática, realiza-se no segundo plano, ou seja, fora da realidade da materialidade. Jogo e atividade matemática são atividades da mente humana, encontrando-se num mesmo plano epistemológico.

Uma necessária discussão epistemológica acerca da relação entre o jogo e a atividade matemática

A visão de Planchon (1989) acerca da atividade matemática como um distanciamento necessário da realidade material, nos permite analisar de que forma grande parte dos proponentes da relação jogo e Matemática limitam esta relação para um momento pré-atividade matemática ou pós-atividade matemática. Afinal, esse autor (como muitos outros) concebe a atividade matemática limitada a um momento de ação sobre modelos abstratos da realidade e não de ações sobre a realidade em si, esquematicamente assim representado:

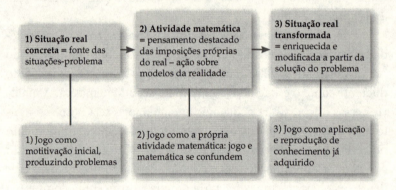

Na segunda instância existe a possibilidade de relação entre jogo e Matemática: é quando a própria atividade matemática é concebida pelo educador como um tipo de jogo. A resolução de uma equação, o cálculo de uma expressão aritmética ou algébrica, a manipulação de modelos geométricos, são eles concebidos como um tipo de "jogo matemático". Nesta perspectiva, o jogo se realiza a partir de certo nível de distanciamento da realidade, da produção de um modelo matemático da situação real. As regras deste jogo são as próprias regras matemáticas na ação sobre o modelo matemático construído.

Nas instâncias 1 e 2, o jogo serve, na primeira, para fornecer o pano de fundo para gerar as situações que forneceram os problemas motivadores do desenvolvimento da atividade matemática. Na terceira, o jogo oferece as situações de aplicação do conhecimento produzido na segunda instância, ou seja, da atividade matemática. O jogo aparece para sistematizar, generalizar ou treinar a aplicação do novo conhecimento construído fora do jogo. Nestes dois casos, o jogo é tão somente um pretexto para a atividade matemática e, consequentemente, a aprendizagem matemática se realiza efetivamente, apenas na segunda instância, na atividade matemática, mas não no jogo, exceto se concebermos a própria atividade matemática como um jogo.

O jogo na Educação Matemática: uma pré-Matemática ou uma protomatemática?

O *locus* do jogo no espaço da atividade matemática estabelece os níveis de possibilidades e de limites de sua utilização da Educação Matemática. Autores muito difundidos neste campo de conhecimento tratam do valor educativo de jogos para a aprendizagem matemática em contextos formais ou não formais, tal como Dienes (1970), que influenciou programas escolares de matemática nos anos setenta na Europa, assim como nas Américas.

A concepção desse autor sobre a relação entre jogo e Matemática favorece de maneira evidente a diferenciação entre os termos "jogo" e "material pedagógico" no contexto da Educação Matemática. Ele propõe que a aprendizagem escolar da Matemática se realiza num processo estruturado em seis etapas evolutivas fundadas sobre o jogo: 1) a adaptação ao meio por meio de jogos livres; 2) a introdução de limites, de obstáculos/obrigações, por meio de jogos estruturados; 3) *l'aperçu* (o *insigth*, a descoberta) de estruturas comuns presentes nos jogos (busca de invariantes operacionais); 4) a apresentação de uma representação das propriedades comuns entre os jogos; 5) o estudo das propriedades a partir das representações dos fenômenos presentes nos jogos de maneira regular (análise das regularidades distinguidas por meio das representações); 6) a produção de axiomas e de demonstrações consecutivas, que, segundo Dienes (1970), é o objeto último da aprendizagem matemática na escola.

O valor primeiro desta teorização em relação às relações existentes é precisamente a inversão do sentido do ensino da Matemática. As concepções mais tradicionais partem de teoremas para propor em seguida ao aluno as possibilidades de suas aplicações. Na concepção do autor supracitado, o ponto de partida do ensino da Matemática é uma situação real e concreta, o jogo, que deve evoluir até a construção de um axioma.

Se o jogo, em especial o jogo livre, é o ponto de partida da construção e/ou aquisição de um saber, este não é suficiente para garantir a plena evolução do processo de construção matemática, evoluindo do real concreto à construção de uma teoria que traduza e que permita a análise da situação matemática presente no contexto da realidade. Assim, o jogo é o ponto de partida, mas ele não é por si parte da construção do conhecimento matemático. O jogo fornece matéria-prima, elementos embrionários, mas não chega a se constituir em estrutura pertencente à atividade matemática em si. O jogo é, portanto, motor propulsor da atividade matemática, mas após o início do processo dito "matematização", o jogo fica em segundo plano. Para Dienes (1970), o lugar do jogo na Educação Matemática consistiria numa espécie de *protomatemática*.

O jogo espontâneo e mais livre seria o fundamento da segunda etapa, que trata dos jogos estruturados, apoiados em regras matemáticas. A diferença entre os jogos da primeira etapa em relação aos jogos ditos estruturados é uma consequência da própria concepção de jogo assumida por este autor. De acordo com suas ideias, os jogos livres (ou ditos também espontâneos), que se opõem aos estruturados, não possuem obstáculos/desafios (*contraintes*), o que seria um impedimento para a construção matemática, afinal, tal realização se efetiva diante da existência de problemas a serem resolvidos. É necessário, então, inserir obstáculos às atividades que inicialmente são concebidas como livres para que a atividade lúdica tenha uma convergência para a produção de um conhecimento matemático. Neste contexto, as regras dos jogos ditos livres não seriam, em absoluto, uma garantia para a existência de uma produção matemática. É necessário que o educador, modificando ou criando regras, reestruturando o jogo, favoreça o atendimento dos objetivos estabelecidos pelo educador matemático. É nesta mesma perspectiva que encontramos, de certa forma, as possibilidades de relação entre jogo e aprendizagem matemática em Kamii (1986, 1988).

O jogo estruturado, mais comumente conhecido no Brasil como material pedagógico, é o mesmo que encontramos nas obras de Maria Montessori (1958), constituídos a partir de materiais que têm como fundamento estruturas matemáticas: formas precisas, organização dos objetos de acordo com o sistema de numeração decimal, as proporções entre os elementos que garantem certas relações numéricas e métricas etc. As regras matemáticas seriam, assim, o fundamento do material lúdico, de maneira que a ação do sujeito epistêmico sobre os objetos possa garantir de maneira mínima a observação de regularidades nas quantidades, nas formas, nas proporções. A atividade desenvolvida consiste em estabelecer relações com propriedades matemáticas já presentes na organização do material proposto pelo educador. Agir neste contexto lúdico deve significar manipular estruturas matemáticas materialmente concebidas na organização física do material. Jogar neste contexto significa, desde o início, descobrir nos materiais tais propriedades e agir segundo as regras matemáticas, fisicamente constituídas na organização do material pedagógico.

A concepção inicial deste material tem como ponto de partida as propriedades de estruturas matemáticas. Conceber tais materiais implica na transformação de regras matemáticas em regras de jogos. Jogar seria agir segundo tais regras matemáticas. A pedagogia matemática nele alicerçada busca a assimilação de tais propriedades e o desenvolvimento de ações por parte dos alunos, que respeitem as regras impostas pelo educador, que traduzam, desde sua gênese, regras matemáticas. Brincar neste contexto seria aprender Matemática por meio da assimilação de tais regras, tendo o educador por vigilante epistemológico das mesmas.

De início, Dienes (1970) não reconhece o jogo como atividade portadora de regras que garantam a existência de uma situação com obstáculos e obrigações, sendo relativas. Assim, o autor propõe mudanças no jogo a partir de objetivos matemáticos, favorecendo a modelagem matemática da situação lúdica. O jogo oferece ao ambiente de aprendizagem as situações estruturadas pelo adulto, em especial, pelo educador matemático, que tem por objetivo garantir a presença de certo modelo matemático na situação vivida pelo jogador, que favoreça a observação de regularidades, de deduções lógicas e de possíveis construções de axiomas. O jogo livre (porque é livre de obrigações) não pode desencadear produções matemáticas. Esta concepção dienesiana é resultado de uma noção de uma intervenção objetiva do educador que possui o conhecimento matemático a ensinar assim como o conhecimento didático-pedagógico sobre os meios necessários para atingir os objetivos de ensino-aprendizagem da Matemática.

A visão *dienesiana* na relação entre o jogo e a produção matemática é apenas um exemplo de uma forma de concepção do papel do jogo como elemento motivador na aprendizagem da Matemática. Assim, se o jogo é considerado no processo do ensino da Matemática, fundamentalmente ele é marginalizado quanto ao seu real potencial e inerentemente participante da atividade matemática. A concepção de Dienes (1970) nos conduz às ideias de Planchon (1989) segundo as quais a atividade matemática se realiza a partir de rupturas do real e, com tais rupturas, o jogo é alocado fora do espaço epistemológico da atividade matemática. Neste paradigma, o jogo é assumido como atividade operada no plano da realidade, enquanto que a Matemática é concebida operando no mundo abstrato. Isso mostra bem como é impossível uma relação entre jogo e Matemática, impossibilidade que é consequência da perspectiva teórica que tomamos o conceito de jogo ou mesmo o conceito de atividade matemática.

Se considerarmos conceitualmente o jogo como atividade regrada, com obrigações e obstáculos, desenvolvidos a partir de uma estrutura simbólica, nós não poderemos estar de acordo com autores que propõem o jogo livre como incompatível com a atividade matemática. Entretanto, mesmo marginalizando o jogo quanto ao seu potencial de matematização, estes autores não negam o valor motivador do jogo, mas tratam do jogo como gerador de uma motivação prévia para realização da atividade matemática, não participando em si da produção de conhecimento, a qual somente aparece com um distanciamento, uma ruptura com a atividade inicial.

Desse modo, classificamos tal postura teórica em relação ao jogo como proto ou pré-Matemática, como forma de dar sentido inicial às produções altamente abstratas que caracterizariam a atividade matemática. Estas noções nos parecem bem contrárias à visão proposta no campo da etnomatemática (D'Ambrosio, 1990), afinal, esta considera, de uma parte, a modelagem da situação real como parte essencial da atividade matemática e, de outra, a possibilidade de construção de conhecimento matemático por meio dos modelos ligados a tais contextos concretos. Assim, numa concepção fundamentada na etnomatemática, o jogo não estaria à margem da atividade matemática, uma vez que os elementos que constituem o jogo seriam o âmago dos elementos da própria atividade matemática.

Jogo e aprendizagem matemática na educação infantil: Adam e um estudo revelador

Tratamos neste momento de discutir a utilização dos jogos no contexto didático/pedagógico, quando o jogo é tomado com finalidades educativas.

Neste contexto, o trabalho desenvolvido por Adam (1993), *Os jogos matemáticos e a escola maternal* trata da análise do espaço de jogos ditos "matemáticos" na educação infantil francesa. O autor mostra como neste estágio os jogos têm uma importante penetração em função da ausência de componentes curriculares moduladas como "disciplinas", ou seja, quando a Matemática não é concebida como disciplina de ensino. Este pesquisador realizou uma análise dos catálogos oferecidos aos educadores infantis para que estes escolhessem materiais pedagógicos a serem adquiridos pela escola. Segundo a análise realizada, a quase totalidade dos materiais classificados como "jogos matemáticos", na verdade, eram materiais pedagógicos, ou seja, concebidos visando a determinadas aprendizagens matemáticas bem precisas. Nestes catálogos analisados, não encontramos nenhuma referência acerca das competências matemáticas esperadas pelos seus criadores, mesmo não sendo difícil identificar a presença de elementos matemáticos nos mesmos.

O que mais nos interessa no estudo de Adam é a importância dada aos jogos, tendo em vista seu potencial para aprendizagem matemática na educação infantil. Em suas hipóteses, Adam propõe que, sendo o jogo visto na educação infantil como uma atividade que lança situações-problemas, então o jogo deve servir à descoberta da Matemática pela criança. Entretanto, o estudo acaba por revelar duas formas de utilização dos jogos matemáticos na educação infantil: ele é utilizado de maneira livre, favorecendo o desenvolvimento da atividade livre de imposições didáticas, mas permanecendo no contexto de uma pré-Matemática, ou é utilizado por meio de uma atividade altamente dirigida pelo educador, quebrando o princípio fundamental da liberdade do jogo, fazendo com que o educador transforme o jogo em material pedagógico destinado a aprendizagens bem específicas a partir de atividades planejadas e controladas pelo educador. Nos dois casos, o educador assume um papel importante tanto na escolha quanto no desenvolvimento das atividades. Nesse contexto, Adam (1993, p. 19) afirma que:

> Sendo utilizada de maneira dirigida ou bem livre, o professor é, em geral, o mestre da escolha dos jogos e de suas organizações; isto vai obrigatoriamente orientar a situação e a ação do jogo numa direção escolhida pelo educador. Mesmo no caso de um jogo livre onde teoricamente a criança é "o realizador" de seu próprio jogo, o educador continua a influenciar porque ele controla os dados que induzem o jogo da criança.

Podemos dizer, então, que os jogos matemáticos, já na educação infantil, situam-se no quadro dos jogos pedagógicos e, por sua vez, são localizados no quadro dos materiais pedagógicos, quebrando o princípio fundamental da liberdade que constitui o jogo e as brincadeiras. O jogo matemático no contexto escolar, mesmo na educação infantil, não é mais um jogo, no sentido que estamos construindo em nossos estudos, e é caracterizado pela liberdade e pela frivolidade. Um fato que revela bem tal fenômeno, como indica o estudo de Adam, é a classificação de certos materiais pedagógicos para a aprendizagem da Matemática, por exemplo, aqueles concebidos por Maria Montessori

(1958) como material matemático ao lado de jogos matemáticos, como revela Adam (1993, p. 38-39):

> No material matemático proposto nos catálogos funcionam sempre alguns princípios baseados no jogo [...] o jogo que é a base do material matemático sofre uma transformação que tem por objetivo revelá-lo como material pedagógico.

Desse modo, fica a revelação do valor dos materiais pedagógicos nestes catálogos em detrimento dos jogos de regra, jogos de construção, jogos simbólicos, quando se trata de valorizar determinadas aprendizagens matemáticas.

Mesmo quando educadores infantis consideram a possibilidade de um valor dos jogos para a aprendizagem matemática, observamos, de forma bem límpida no estudo, que esta possibilidade é mais acentuada no maternal e até o jardim II, onde o conhecimento matemático é mais atrelado a atividades espontâneas das crianças. Chegando ao jardim III, momento importante de início de alfabetização matemática, a Matemática começa a se revestir de um caráter disciplinar, mais próximo das características do ensino fundamental, provocando um distanciamento entre a aprendizagem matemática e os jogos.

É assim que, segundo as representações dos educadores entrevistados por Adam, observamos que no início da educação infantil todas as noções matemáticas podem ser assimiladas por meio de jogos. Nas etapas intermediárias, em especial no jardim II, segundo os educadores, o jogo não é suficiente, sendo necessário associar a atividade matemática à outra coisa e, portanto, a atividade pedagógica é associada às linguagens matemáticas (leitura e escrita dos numerais). Ao final da educação infantil, ainda segundo estes educadores, o ponto de vista é, sobretudo, desfavorável, pois existiriam algumas noções matemáticas que não são assimiladas por meio de jogos. Neste nível, existe um distanciamento entre atividade matemática e jogo, ao menos no contexto da aprendizagem matemática escolar.

Mas o que muda entre o início e o final da educação infantil em termos da alfabetização matemática para que haja essa diferenciação quanto ao ponto de vista da possibilidade do jogo para a aprendizagem matemática? Seria o nível de desenvolvimento e os interesses das crianças? Ou seria a representação dos educadores, ou, ainda, o conteúdo da Matemática a ser tratado em cada nível?

Ferramentas de intervenção no contexto da didática da Matemática: o jogo como um mediador possível

Nesta seção, buscaremos analisar uma possível aproximação entre jogo e Educação Matemática no campo da didática. Não se trata de uma revisão exaustiva dos estudos sobre as relações entre ensino da Matemática e o jogo como ferramenta didática, mas sim a tentativa de introduzir a noção de situação didática a partir da "Teoria de Situações" proposta por Brousseau (1986), que nos fornece importantes contribuições acerca do uso de jogos na didática francesa da Matemática.

Segundo Douady (1983), o contexto didático da Matemática se desenvolve a partir de certa organização do ensino a qual implica na concepção de situações-problemas adequadas à aquisição de conceitos. Para esta organização, é primordial considerar que a atividade matemática existe no contexto de resolução de problemas. Entretanto, segundo Douady (1984, p. 9), que se apoia em Vergnaud (1990), um conceito não opera de maneira isolada numa situação-problema, "um conceito toma também seu sentido pelas relações que ele estabelece com os outros implicados no mesmo problema".

Numa situação, o sujeito pode utilizar ferramentas como os conceitos e as técnicas que são apropriadas à situação dada ou às várias situações. Segundo Douady (1984), estas ferramentas podem estar implícita ou explicitamente presentes nas estruturas cognitivas do sujeito. As implícitas são aquelas nas quais o sujeito não é capaz de explicar e que são mobilizadas durante a resolução sem que ele possa determinar os limites de sua utilização.[5]

Neste contexto, a noção de relação dialética entre conceito e ferramenta-objeto é de fundamental importância no estudo do jogo na atividade matemática. Segundo Douady (1984), a organização dos

---

[5] Para aprofundar a compreensão das teorias da Psicologia Cognitiva e da Didática francesas, é sugerida a obra de Pais (2001) desta coleção.

processos com o objetivo de construção de saber dos alunos por eles mesmos prevê três formas de relações dialéticas: ferramenta-objeto, antigo-novo e o jogo de quadro, que implicam as formas de dialética – de ação, de formulação e de validação. Nos contextos didáticos, é necessário que se tenham garantias mínimas, uma institucionalização dos conhecimentos, assim que tenhamos meios para que o aluno, ele mesmo, seja responsável por sua aprendizagem. Douady (1984, p. 12-16) mostra como se estabelece esta organização de ensino fundado sobre o princípio dos três pontos da dialética.

a) Dialética ferramenta-objeto e dialética antigo-novo: Inicialmente, é importante mobilizar um objeto conhecido como ferramenta para que se tenha o engajamento do sujeito no processo de resolução da situação: "ele mobiliza o antigo para resolver ao menos parcialmente o problema". Em seguida, o sujeito encontra dificuldades em função das estratégias adotadas para a resolução e ele parte à procura de meios mais adequados. É o início da ação, pois, para Douady (1984, p. 12-13):

> Pode então mobilizar implicitamente ferramentas novas, seja por extensão do campo de validade, seja por modificação de hipóteses que autorizam seu emprego, e pode ainda ser pelas conclusões que podemos tirar, seja pela sua natureza mesmo [...] as concepções em construção neste momento vão entrar em conflito com as antigas [...] ou ao contrário as englobar por alargamento. Os erros e as contradições, ou ao contrário, os prolongamentos, transformam-se em *enjeux* (investimentos) de processos dialéticos de formulação e de validações próprias para resolver os conflitos e assegurar as integrações necessárias. Esta etapa é uma fase de aprendizagem. É aí essencialmente que as concepções e as representações do aluno evoluem.

Finalmente, numa terceira etapa, há a formulação e a identificação dos elementos do processo de resolução. É aqui que chegamos à *institucionalização* dos conhecimentos por meio das trocas nos grupos de sujeitos que resolveram o mesmo problema em relação aos conhecimentos-ferramentas mobilizados.

b) Jogo de quadros – *traduzem a intenção de explorar o fato que a maior parte dos conceitos pode intervir em diversos domínios;*
c) Condição sobre o problema. Para que exista uma relação realmente dialética entre o sujeito e a situação, segundo Douady (1984, p. 14), algumas condições devem ser satisfeitas:

> [...] o conhecimento pretendido pela aprendizagem é uma ferramenta adaptada ao problema; o enunciado deve ter sentido no campo de conhecimento do aluno; levados em conta estes conhecimentos, o aluno pode engajar um procedimento de resolução, mas pode não chegar à sua conclusão; a rede de conceitos implicados é bastante difícil, mas não muito, para que o aluno possa tratar da complexidade; o problema é aberto para a diversidade de questões ou de estratégias possíveis e para a incerteza que é gerada pelo aluno; o problema pode ser desenvolvido em ao menos dois quadros diferentes, cada um tendo sua linguagem e sua sintaxe.

Para que as situações tratadas pela autora traduzam situações de ensino, devemos ter um olhar mais largo, permitindo perceber que os elementos que condicionam a organização do ensino podem ser a garantia de que situações-problemas presentes em jogos sejam geradoras de atividade matemática. Em uma análise mais contundente, nós devemos, ainda por meio das contribuições do autor, no campo da didática da Matemática, alargar esta análise em direção ao jogo desenvolvido pelos alunos, o que parece ser razoável a partir da teoria de situações de Brousseau (1986b), que abre a perspectiva de análise dos jogos em relação à Matemática conforme as ideias de Douady (1983, p. 7):

> Para Brousseau, de fato, as concepções dos alunos são resultados de uma troca permanente com as situações-problemas nas quais eles são alocados e durante os quais os conhecimentos anteriores são mobilizados para ser modificados, completados ou rejeitados.

Se refletirmos sobre estas três formas dialéticas presentes nas situações de ensino, devemos nos questionar em que sentido e medida as situações-problemas presentes nos jogos não corresponderiam elas mesmas a tais elementos indicados pela autora. Em que medida a utilização de ferramentas-objeto matemáticos na resolução de problemas em jogos é diferente da utilização em situações didáticas? Será que a presença de um professor é a única e suficiente variável que diferencia as duas situações a partir de imposição de obrigações pelo educador? Estas obrigações, mais do que elementos de um contrato didático, não seriam elementos próprios do conhecimento matemático e, portanto, naturalmente presente em certas situações de jogo?

A possibilidade de uma relação entre jogo e Matemática e sua análise pode ser estabelecida a partir da consideração teórica que o sujeito é ele mesmo o responsável da construção do conhecimento matemático numa dimensão ontológica do desenvolvimento humano. Esta construção deve se realizar em situações em que a atividade matemática faz-se presente. A teoria de situações no campo da didática pode nos apontar contribuições neste sentido para uma análise do jogo como situação em que a Matemática se faz presente.

A atividade matemática nos jogos: a construção e a validação dos conhecimentos matemáticos da criança

De acordo com Brousseau (1986a, 1986b), para favorecer a construção do conhecimento matemático por meio da resolução de problemas, o professor deve produzir e propor questões ao sujeito que aprende, e as respostas devem ser estabelecidas pelo próprio sujeito. Assim, a resolução de situações-problemas é o ponto pilar da didática da Matemática: os professores devem produzir e propor situações aos alunos.

Entretanto, devemos considerar aqui os limites de ação da didática sobre o sujeito: a didática não pode dar conta de todas as situações a partir das quais o sujeito constrói seu conhecimento matemático e em que exista atividade matemática. Há situações que favorecem a construção do conhecimento matemático fora do campo de atuação do professor. Há outras que não podemos considerar como situações didáticas, pois não são relações aluno-professor, mas oferecem ao sujeito ocasiões de resoluções de problemas, com situações que não poderiam ser produzidas em contextos estritamente didáticos.

Os conhecimentos adquiridos nestas situações fora da escola podem influenciar as ações do sujeito em situações didáticas e, portanto, a didática não pode as negligenciar.

Das muitas contribuições da teoria das situações de Brousseau (1986b), encontramos inicialmente a constatação que existem situações de construção do conhecimento matemático fora do contexto didático, as ditas *situações adidáticas*.

No contexto das situações adidáticas, podemos analisar processos de construção do conhecimento matemático sem que o sujeito esteja submetido a um contrato didático. Neste caso, a situação não é regrada por obrigações típicas do contexto escolar, porém, não significa em absoluto a ausência de obrigações nas situações adidáticas. Significa que as regras das situações de construção do conhecimento matemático sem o contrato didático respondem às exigências próprias da situação-problema e à necessidade de sua resolução, assim como sua validação no grupo social. A ação de resolução não é dirigida pelas expectativas de um professor, mas, sim, por esquemas de ação validados pela própria situação. Em situações adidáticas o professor não é o mediador do conhecimento matemático, uma vez que a mediação é realizada por meio dos contextos e dos objetos culturais do mundo do aluno.

Neste ponto, encontramos a mais forte ancoragem teórica de aproximação entre a didática da Matemática e a etnomatemática: a consideração que existe uma construção do conhecimento matemático fora das didáticas da Matemática e que exerce influência sobre os processos cognitivos em situações escolares.

Desde já podemos nos questionar sobre a existência de elementos próprios às situações didáticas em situações adidáticas.

Capítulo VI

O que aponta a investigação sobre a atividade matemática em jogos espontâneos

O interesse pela identificação e pela compreensão da atividade matemática que as crianças desenvolvem quando realizam jogos em grupos sem o controle externo (adulto/educador), com plataformas, peças e regras que suscitam a mobilização de conhecimentos matemáticos (escolares e não escolares), nos levou a realizar por quatro anos um estudo etnográfico do contexto lúdico de um grupo multicultural (francesas, portuguesas, brasileiras, argelinas e coreanas) de crianças e jovens que frequentaram entre 1995 e 1998 a Ludoteca Municipal d´Issy les Moulineaux, na periferia sudoeste de Paris, França. O estudo que teve por objetivo analisar a natureza da atividade matemática presente neste grupo de frequentadores da Ludoteca permitiu, a partir de identificação de 1776 jogos que envolvem diretamente conhecimentos matemáticos, selecionar entre eles, seis jogos que são realizados em grupo, os mais requisitados pelas crianças. É importante destacar que tais jogos não são classificados pela Ludoteca, baseado no Sistema ESAR (ver Capítulo IV) como jogos matemáticos, mas, sim, como jogos de regras simples, destinados às crianças que se encontram no nível de operações concretas ou nível de desenvolvimento superior, segundo a perspectiva piagetiana que é a base teórica e metodológica do ESAR.

Os jogos selecionados, não eram categorizados como "jogos matemáticos" pelo sistema ESAR de Denise Garon (1985), (utilizado pelas Ludotecas francesas para classificação, organização e oferta dos jogos e dos brinquedos), apesar de apresentarem em suas estruturas lúdicas a mobilização de números e operações. Esses jogos foram: *Le Monopoly* (Banco Imobiliário), *La Bonne Paye* (Jogo da vida diária), *Diadingo e Veleno* (não há jogos equivalentes a estes dois no Brasil, segundo nosso conhecimento), *Triominos* e *Spectrangle* (espécie de jogos de dominós, mas com peças e regras diferentes, podendo ser classificados como adaptações do jogo de Dominó). Ressalta-se, assim, que a delimitação do estudo é a partir de jogos que envolvem habilidades e competências preferencialmente no campo da aritmética, mas com forte apelo aos números naturais e decimais (muitos tratam de valores) tanto em situações aditivas quanto em situações multiplicativas (para tanto, consulte a obra de Luiz Carlos Pais desta coleção: *Didática da Matemática: uma análise da influência francesa*).

Apresentamos, neste capítulo, sinteticamente, os jogos, assim com as expectativas quanto às atividades matemáticas que cada um suscita, levantadas por meio de análise *apriorística* do que é proposto aos jogadores por meio das estruturas física e lógica contidas na caixa do jogo.

MONOPOLY (Banco Imobiliário)

Jogo de sociedade para crianças a partir de 8 anos fabricado por PARKER – Tonka Corporation, 1992, França

Este jogo de sociedade (desenvolvido por meio de interação entre dois ou mais parceiros) é estruturado a partir de simulações de transações imobiliárias, com compras e vendas de propriedades, construção de casas e hotéis, contrato e pagamento de aluguéis e hipotecas. Manipular valores e adquirir propriedades até ser o mais rico e levar os adversários à falência é o grande objetivo do jogo, como o nome original atesta: ter o "monopólio" (Monopoly). O jogo é composto por uma plataforma com casas que representam os terrenos e as estações ferroviárias, cada uma com seu valor, piões, cartas de títulos de propriedade (tipo escritura de propriedade de imóvel), cartas de transações (pagamento de taxas e impostos), dois dados tradicionais e cédulas de diferentes cores, sendo cada cor com um valor diferente expresso graficamente na cédula ($100, $500, $1.000, $5.000, $10.000 e $50.000). O tipo de moeda utilizada não é explicitado no jogo. As propriedades podem ter valores entre $6.000 e $40.000. Os valores dos aluguéis dependem da quantidade de propriedades que o jogador possui sob seu poder: entre $200 e $20.000. O pagamento da hipoteca requer a consulta de uma tabela (fornecida pelo jogo), que utiliza da ideia de porcentagem, sendo que os juros são sempre correspondentes a 10% do valor devido. A tabela mostra o valor a ser pago para cada dívida, sem que o jogador tenha, ao longo da atividade lúdica, de calcular a porcentagem, mesmo que ela seja de 10% (de fácil cálculo).

A análise apriorística do jogo *Monopoly*, ou seja, da proposta da atividade lúdica antes da análise da realização do jogo pelas crianças, revela que ele pode favorecer a leitura de quantidades e de valores, a criação e a resolução de situações aditivas e multiplicativas (ver a obra de Luiz Carlos Pais desta Coleção: *Didática da Matemática da influência francesa*), em especial na adição dos dados, composição dos valores a pagar ou a receber, realização do troco, representação de valores por meio da manipulação do material lúdico presente (observar que há uma variedade restrita de cédulas que deverão ser utilizadas para todo e qualquer valor numérico que surgir ao longo do jogo), assim como a localização espacial do jogador em relação aos adversários no espaço de deslocamento proposto pelo jogo.

La Bonne Paye (jogo da vida diária)

Jogo de sociedade para crianças a partir de 8 anos fabricado por PARKER – Tonka Corporation, 1992, França

É um jogo desenvolvido em grupo que propõe uma reprodução da vida cotidiana no que diz respeito às finanças familiares: receber salário, administrar despesas (pagar o médico, os impostos, o seguro, fazer compras, entre outros), efetuar transações bancárias, em especial economizar e fazer poupança durante o mês e receber os rendimentos no dia 31 do mês: "o dia do pagamento".

O jogo possui uma plataforma com 31 quadrados dispostos de forma sequencial, sendo que sobre cada um deles há um desenho de atividade da vida cotidiana. Algumas imagens são acompanhadas de uma mensagem relacionada a um tipo de transação financeira. Cada casa corresponde a um dia da semana e do mês.

Os acessórios que constituem o jogo são: os piões, um dado tradicional, cartas de transação, cartas de empréstimos com indicação dos juros, cartas de eventos (indicação de que, naquele dia, acontecerá algo diferente), livretos de poupança com uma tabela fornecendo os valores de empréstimos de 10%, cédulas de 10, 50, 100, 500 e 1000 francos (moeda francesa). As cédulas devem ser utilizadas para a realização de pagamentos ao longo do jogo, tais como: loteria

(100 ou 200), seguro (200 ou 400), saída de férias (de 50 a 250), cursos particulares (100, 150 ou 200), médico (30 a 300), impostos (40 ou 500) e fichas de despesas diversas (50 a 1000).

Segundo nossas expectativas de educadores matemáticos, a análise *a priori* do jogo nos conduz a crer que, ao longo da atividade lúdica, o jogador realizará a leitura de quantidades e de valores, criando e resolvendo situações-problemas aditivas e multiplicativas, representando valores por meio da manipulação das cédulas, tratando da localização no espaço do tabuleiro de jogo segundo a sequência numérica (ver na imagem anterior), que representa a localização nos dias da semana e do mês, o que não é evidente, uma vez que as casas devem ser seguidas segundo a sequência numérica, não dispostas linearmente, mas em forma espiral.

DIADINGO

Jogo de sociedade para crianças a partir de 8 anos, fabricado por Editions Ravensburger – França

Jogo que envolve um grupo de até quatro pessoas com um tabuleiro octogonal com 9 cm de lado onde se encontram 36 piões, que representam diamantes: 16 diamantes colados no tabuleiro e 20 diamantes soltos, que podem ser identificados somente quando tentamos retirá-los de sua base. Assim, o jogador deve pegar (por tentativa) um diamante solto e, na sua rodada, colocá-lo sobre uma "carta anel". Ganha quem, ao final, tiver maior quantidade de anéis com diamantes: após pegar um diamante, o jogador deve retirar uma carta para tentar pousar o diamante sobre ela. As cartas com a imagem de uma luva branca indicam o direito do jogador pegar um diamante de um adversário, na condição de que o diamante roubado esteja pousado sobre uma carta de mesmo valor de sua carta sem diamante.

Nossas expectativas quanto às possibilidades de realização de atividade matemática por meio desta atividade lúdica são permeadas pela identificação e pela leitura de valores, realização de correspondência entre diferentes valores, comparação das quantidades de diamantes existentes com os jogadores, assim como a realização de operações de adição e de subtração.

Veleno

Jogo de sociedade para crianças a partir de 8 anos fabricado por T. DEL NEGRO S.p.A. – Itália

Assim como os demais, é um jogo de sociedade com uma plataforma redonda de 23 cm de diâmetro com 37 buracos circulares de 2 cm de diâmetro, onde os jogadores devem pousar os piões coloridos: 1 prata, 4 brancos, 8 vermelhos, 8 amarelos e 8 verdes. Todos os piões devem ser colocados sobre os buracos. Os jogadores devem, cada um a sua vez, pegar os piões um a um. O pião prata é sempre deixado no buraco esvaziado na última jogada, ou seja, ao retirar um pião, este buraco deve ser ocupado pelo pião prata. Assim, o pião prata indicará a posição do último pião retirado da plataforma. Os piões coloridos valem o quadrado da quantidade de peças de sua cor que o jogador conseguiu colher do tabuleiro. Por exemplo: um pião amarelo vale um ponto (1X1), dois piões amarelos valem 4 pontos (2X2), 3 piões amarelos valem 9 pontos (3X3). Os piões brancos valem sempre 10 pontos. O jogo continua até que o pião prata esteja sozinho no tabuleiro. Os jogadores devem, assim, colher o maior número de piões de mesma cor. Ao final, os jogadores contabilizam os pontos e comparam para declarar, como ganhador, aquele que obtiver maior pontuação.

Nas análises prévias, ou seja, antes da observação e da análise das atividades desenvolvidas pelas crianças, somos levados a pensar que o *Veleno* favorece a contagem de dez em dez, a multiplicação com fatores iguais (não necessariamente a mobilização da ideia de quadrado) e a adição dos valores obtidos, assim como a construção de situações variadas de contagem e de comparação dos pontos.

Triominos

Jogo de sociedade para crianças a partir de
6 anos fabricado por Goliath – Londres

É um jogo de sociedade concebido de maneira muito próxima ao jogo de dominó tradicional, em que os jogadores devem pousar as peças triangulares obtendo correspondência entre as faces. Considerado como jogo de inteligência, tática e de lógica, o jogo possui 56 peças plásticas triangulares com um pequeno botão metálico ao centro. Cada peça possui três algarismos localizados junto aos vértices, que variam entre 0 e 5. Podemos encontrar numa peça dois ou três algarismos iguais. Para lançar uma peça, é necessário que exista uma correspondência entre os algarismos da face da peça que estão em poder do jogador com os algarismos de uma das faces de uma das peças que estão sobre a mesa. Ao ser lançada a peça, as faces justapostas devem ter os algarismos correspondendo em ambas as faces. A cada peça corretamente encaixada, o jogador ganha a soma dos pontos indicados na peça. No caso do jogador não possuir nenhuma peça adequada, deve pegar uma peça reserva, e a cada peça que pegar, perde 5 pontos. Os pontos ganhos e perdidos devem ser registrados num bloco de anotações que acompanha o jogo. Aquele que possui mais pontos, após ter somado todos os positivos e os negativos, é o vencedor.

Segundo nossas expectativas, a atividade matemática no *Triominos* deve favorecer a realização de adições e subtrações com seus registros em papel, comparações de quantidades, multiplicações, além da noção de pontos ganhos e pontos perdidos, podendo gerar as primeiras ideias de números positivos e negativos e adição algébrica.

Spectrangle

Jogo de sociedade para crianças a partir de 8 anos fabricado por Koninklijke Hausemann, 1992 – Amsterdam

Trata-se de um jogo de dominó com peças triangulares, que devem ser colocadas em uma das 36 casas triangulares de um tabuleiro

triangular. Nove das casas do tabuleiro são numeradas (casas bônus), das quais três com o algarismo 2, três com o algarismo 3 e três com o algarismo 4. O valor da peça depositada no tabuleiro em uma das casas bônus é multiplicado pelo número indicado. Nas outras 27 casas o valor da peça fica inalterado, exceto se a mesma toca duas ou três outras peças, quando o valor da peça é multiplicado respectivamente por 2 ou por 3. O jogo possui 36 peças cujos valores variam entre 1 e 6, sendo que os valores 4 e 5 são os mais frequentes (10 de cada). A dificuldade na jogada está também associada à variedade de cores das peças, uma vez que a justaposição entre as peças é realizada pela coincidência de cores. O jogo tem:

Quantidade de peças	Cores	Valores
1	Branca	1
5	Uma cor	6
10	Duas cores	5
10	Duas cores	4
4	Três cores	3
3	Três cores	4
3	Três cores	1

Na sua vez, cada jogador deve colocar uma peça sua que deve, obrigatoriamente, tocar ao menos uma peça já colocada no tabuleiro e ter a mesma cor que o lado das peças que ela vai tocar. Os valores devem ser multiplicados pelo valor da casa onde a peça é encaixada e pela quantidade de peças tocadas pelas suas laterais. O produto indica a quantidade de pontos ganhos na rodada. Os pontos devem ser marcados por meio de pinos e orifícios da borda do tabuleiro (ver imagem anterior). Para tanto, cada jogador conta com dois marcadores que auxiliam a indicar a posição na rodada e, a partir dele, registrar os pontos avançando com o segundo indicador, orifício a orifício, que possuem indicações a cada cinco e a cada dez pontos, num total de cem orifícios.

Segundo nossas expectativas, antes de analisar as produções das crianças em jogo, a atividade matemática no *Spectrangle* deve favorecer a leitura de valores, a relação entre valores e quantidades, as operações de multiplicação e de adição, assim como o registro das quantidades a partir da estrutura de orifícios com as suas marcações a cada 5 e a cada 10 pontos.

As expectativas do educador que propõe o jogo (tal qual ele se apresenta na caixa) acerca das possibilidades da atividade lúdica produzir determinadas atividades matemáticas podem revelar fortemente concepções acerca do conhecimento e de sua aprendizagem sem, no entanto, levar em consideração a atividade psicológica que é efetivamente desenvolvida pelos grupos que realizam o jogo junto a cada grupo. Muitas vezes o educador não prevê importantes transformações que as crianças realizam a respeito do jogo proposto pelo adulto, fazendo, muitas vezes, que tais expectativas distanciem as efetivas atividades psicológicas realizadas pelos jogadores e as inicialmente desejadas por aquele que conceber o jogo.

Portanto, apresentamos a seguir o que é revelado pelos jovens jogadores acerca das produções matemáticas quando não há um adulto para controlar as atividades desenvolvidas no contexto lúdico.

Para garantir a "ausência" do adulto no desenvolvimento do jogo das crianças, a partir do momento que o grupo está de acordo com o registro do mesmo, uma câmera áudio-vídeo e acionada de forma a registrar a atividade, não ficando o pesquisador presente neste ambiente. Ao final do jogo, as crianças buscam o pesquisador para comunicar a conclusão da atividade. Este registro, após transcrição e pré-análise, é visto pelo grupo de jogadores que realizam coletivamente um debate acerca das atividades realizadas ao longo do jogo registrado, em especial as atividades matemáticas, com discussão motivada por provocações do pesquisador.

O foco das observações das atividades efetivamente realizadas pelos participantes é: as leituras de quantidades e valores, o acréscimo de unidade monetária quando esta não é proposta pelo jogo, as formas de realização das operações, a noção de número negativo, a localização e o deslocamento no espaço proposto pela estrutura lúdica. Muito do que é observado nos jogos das crianças nos leva a repensar nossas expectativas quanto aos potenciais destes jogos para a aprendizagem matemática, assim como possibilita conceber novas possibilidades de realização de atividade matemática por meio dos jogos.

Leitura e verbalização de quantidades e valores nos jogos

A verbalização nos jogos está associada à comunicação de uma quantidade ou de um valor no desenvolvimento da atividade lúdica e é parte essencial da atividade matemática realizada pela criança. A representação verbal é muito atrelada à leitura de quantidades e de valores oferecidos pela estrutura do jogo, mas nem sempre realizada pelo jogador: quando realizada, constitui-se em rico momento de revelação de conceitos e de esquemas matemáticos, muitas vezes desconhecidos pelo professor de Matemática.

Há jogos em que a verbalização das quantidades é regra implícita obrigatória, em especial quando há lançamento de dois dados, que requer a adição, assim como o deslocamento do pião sobre o tabuleiro, que deve ser realizado casa a casa, mesmo quando se trata de quantidades perceptivas (até 5). Quando encontramos a verbalização nesses jogos de forma bem frequente, isso não significa que a atividade matemática a requeira. O fenômeno da verbalização de quantidades e valores nos jogos pode traduzir uma regra obrigatória do jogo produzido pelas crianças, mesmo que para a realização da atividade matemática isso não seja necessário. É como as crianças afirmam: "É preciso contar alto o deslocamento do pião para mostrar que não está roubando, mesmo se for um e um".

Nos jogos analisados, a verbalização das quantidades e dos valores aparece, de forma obrigatória, na leitura do contexto matemático presente em carta. Quando está presente em casa no tabuleiro, de forma que todos possam tomar ciência, a leitura não aparece como fator obrigatório na jogada. Entretanto, há forte presença da verbalização matemática quando há necessidade de realização de operações. Em especial com grandes valores e na composição aditiva, observa-se a verbalização das estratégias de composição aditiva dos números, tais como: Jérôme*12: "Seiscentos e cinquenta para mim. Eu pego uma nota de quinhentos, uma nota de cem e uma nota de cinquenta para mim".[6] Se nesta situação a composição aditiva do 650 não nos surpreende, isso não é regra geral nos jogos. Quanto às composições aditivas dos

---

[6] "Jérôme*12" significa que é um menino e com 12 anos, cujo nome é fictício.

valores, estas ocorrem das formas mais variadas possíveis em função tanto das cédulas disponíveis no jogo (o que pode variar de acordo com o desenvolvimento da atividade), quanto dos diferentes interesses dos jogadores ao longo da realização do jogo, por exemplo, ter em mãos cédulas de um valor determinado, ou ainda, a criança ter interesse de possuir dinheiro trocado para facilitar as trocas, ou mesmo, para os menores, possuir maior quantidade de cédulas independentemente de seus valores. Vejamos uma situação na qual a forma de composição, além de ser verbalizada, nos surpreende: Jérôme*12: "Dez, vinte, trinta, quarenta, cinquenta, (...) sim, cinquenta, cinquenta mais cinquenta, cem..." (Jérôme faz: 5 cédulas azuis = 5 de 10, 1 cédula marrom = 50, 50 + 50 (após contar as azuis de dez em dez, = 100, ou seja, 5 de 10 + 50= 100.

É na composição aditiva dos valores no jogo que constatamos que, em consequência da maneira como se verbaliza os números, a composição é geralmente realizada pelos grandes valores, o mesmo ocorrendo com a manipulação das cédulas. Assim, é de se esperar que o desenvolvimento de estratégias espontâneas de realização das operações aditivas também acompanhe tal lógica, ou seja, que, assim como no cálculo mental, se realizem a partir dos valores de maior ordem numérica. No jogo do *Monopoly*, temos a ação de Donald*10, que nos revela como isso é altamente significativo para a criança em atividade: Donald*10 pega as cédulas que estão no envelope e as separa por valor. Não sabemos se a separação realizada por Donald*10 é uma imitação do comportamento de Leticia*9. Donald*10 começa pelos valores mais altos:

3 brancos	=	30.000
1 azul	=	5.000
3 de 2.000	=	35 (ele não verbaliza o "mil"), mais 37, 39, 41 (contagem de 2 a 2, ainda redução de ordem)
sem verbalizar os mil	=	
3 de 500	=	2 de 500 + 1 de 500)

1.000 + 500

(41 + 1) = 42 + 500 = 42.500 (retoma o sentido do 42 como 42.000). Ou seja, 35.000 + 7.500 (como 3 de 2.000 + 3 de 500).

Assim, observamos que as crianças, em especial em contexto de jogo, portanto, de situação adidática (ver a ideia de contrato didático na obra de Luiz Carlos Pais desta coleção: *Didática da Matemática: uma análise da influência francesa*) quando os valores são grandes e múltiplos de mil, realizam com grande maestria a redução de ordem facilitando tanto as leituras quanto o cálculo dos valores manipulados em jogo, como bem nos mostrou Donald.

Neste processo de simplificação das quantidades numéricas, encontramos um importante dado para a análise da atividade matemática presente nos jogos. Quando Stephane*12 realiza a redução do valor 5.000, ela comete um equívoco que pode nos indicar a importância da ordem de grandeza do número para a definição da atividade matemática. A quantidade 5.000 é interpretada por Stephane*12 como 500, o que revela como a quantidade de zeros no número pode levar a criança a cometer erros de leitura das quantidades numéricas na situação de jogo em que os cálculos são, sobretudo, cálculos mentais.[7]

A leitura de valores como elemento importante na atividade matemática desenvolvida nos jogos impõe um problema associado à questão do controle do desenvolvimento da atividade lúdica por meio dos valores que não são sempre supervisionadas no grupo de crianças que realizam a atividade. Os erros de leitura dos valores, assim como de realização das composições aditivas e multiplicativas, são cometidos por vezes sem que o grupo tome conhecimento dos mesmos. Consequentemente, a atividade matemática no jogo aparece submissa à falta de controle das ações matemáticas localmente realizadas, em especial, quando se trata do controle do jogo por meio das quantidades e dos valores. Paradoxalmente, a falta de controle não muda quase nunca a atividade lúdica ao olhar das próprias crianças. Parece que a manipulação, muitas vezes consciente, dos erros matemáticos carrega uma conotação de uma forma cultural do mundo lúdico de trapaça, que guia o desenvolvimento do jogo de forma ilícita, mas sem reação por parte dos participantes. Assim, pudemos constatar frequentemente, sobretudo no jogo

---

[7] Para estudo mais aprofundado sobre erros nas produções matemáticas. Ver Cury (2007).

Monopoly, quando há criança que se utiliza da falta de controle da atividade matemática, notadamente a não supervisão dos adversários, para mudar seja o valor, seja a forma de composição aditiva. A trapaça por meio de uma manipulação matemática no jogo demonstra a existência de um conhecimento matemático e também da capacidade da criança em criar situações artificiais e ilícitas para se favorecer e validar situações no jogo. Desta forma, além da estrutura lúdica, em especial as regras do jogo, a maneira como os jogadores desenvolvem a atividade é muito importante para a definição da natureza da atividade matemática desenvolvida pelo grupo.

Acréscimo de unidade monetária, revelando portar conhecimentos socioculturais

Mesmo quando não é proposta pela estrutura lúdica uma referência monetária do jogo, observa-se, com muita frequência, o acréscimo espontâneo pelas crianças em jogo a leitura do valor acrescido do termo "francos" (moeda da França na época da pesquisa). Assim pudemos observar que a palavra "franco" é introduzida como regra na atividade não porque as regras do jogo assim o propõe, mas porque existe um conhecimento sociocultural de crianças mais velhas (a partir de 9 anos) no grupo acerca dos valores monetários no contexto sociocultural. A utilização repetidas vezes da palavra na atividade por David*12 favorece a incorporação deste conhecimento como regra implícita aceita pelo grupo e utilizada de forma competente a partir de certo ponto de evolução do jogo.

Para Pierre*9 o termo "franco" é fruto do contexto no qual os jogadores são inseridos. Como estamos na França, utiliza-se a palavra "franco", a moeda francesa, mas não importa onde podemos utilizar a palavra "monopolis": "Ah, porque nós, normalmente, dizemos mil francos, mas normalmente é cinquenta mil monopolis". Assim Pierre*9 justifica o fato a partir da palavra "monopoly", que é marcado sobre as cédulas do jogo. Assim, a criança mostra o uso da palavra "franco" como fruto do contexto sociocultural no qual o sujeito está inserido, o que influencia também a natureza da atividade realizada pelas crianças no jogo.

Em síntese, devemos considerar que as atividades cognitivas desenvolvidas no contexto do jogo são submissas aos conhecimentos socioculturais que o contexto do jogo suscita, assim como daqueles pertencentes ao repertório cognitivo da criança. Portanto, a forma de manipular valores, de realizar operações, de elaborar e de resolver problemas é determinada não somente pela estrutura lúdica, mas, em especial, pelos conhecimentos socioculturais trazidos pelas crianças que acabam sendo incorporados como parte do sistema de regra dos jogos.

Entre formas espontâneas de operar e a reprodução de algoritmos impostos pela escola

A metodologia de investigação se estruturou pelas seguintes etapas para cada um dos jogos participantes da pesquisa: 1) análise a priori do jogo, conforme é proposto pelo adulto; 2) Observação livre da realização de jogos; 3) registro em vídeo, transcrição e análise dos jogos realizados pelas crianças, com ausência de adulto; 4) levantamento de questões acerca da atividade matemática realizada e revelada na transcrição do vídeo; 5) desenvolvimento de debate com o grupo de crianças, assistindo coletivamente ao vídeo do jogo, quando o pesquisador aproveita para colocar questões levantadas acerca do fazer matemática ao longo do jogo.

Nos debates sobre os jogos, realizamos entrevistas semidiretivas acerca das ações desenvolvidas pelas crianças durante a atividade lúdica. O debate ofereceu preciosas ocasiões de observação de registros escritos de operações aritméticas desenvolvidas ao longo do jogo. O registro no debate aparece como um instrumento das crianças para sustentar, argumentar, validar seus discursos a fim de explicar ao pesquisador as ações cognitivas realizadas em determinado momento do jogo. Para favorecer a expressão escrita durante estes debates, as crianças tiveram à sua disposição lápis e papel. Os registros realizados serviram como protocolos para a análise da atividade matemática realizada e vamos expor alguns neste capítulo.

Numa análise inicial das produções escritas obtidas nos debates, nós constatamos que existe um divórcio entre o cálculo mental desenvolvido durante o jogo e o cálculo escrito apresentado durante o debate junto ao pesquisador. Parece que, em razão de uma preocupação da criança em relação à necessidade de justificativa e de validação do processo utilizado no jogo, ela se sente conduzida a reproduzir sobre o papel algoritmos aprendidos na escola, algoritmos sem nenhuma articulação procedimental com o processo operatório mental apresentado na atividade lúdica.

No debate, as crianças apresentam, muitas vezes, competência para produzir algoritmos aprendidos na escola e que traduzem a situação matemática do jogo, mas sem revelar qualquer compreensão sobre os fundamentos de seu funcionamento. Assim, o registro serve para revelar ao pesquisador e ao educador que a criança possui certo conhecimento matemático associado à situação em debate, mesmo se este conhecimento não traduz o processo realizado em jogo. Isso pode significar, já na perspectiva da criança, uma desvalorização dos processos mais "espontâneos" desenvolvidos no jogo em relação aos algoritmos institucionalizados na escola pelo professor. Se uma operação é resolvida no jogo demonstrando uma grande competência da criança em desenvolver cálculos mentais, porém, no momento do registro da mesma situação sobre o papel, esta criança revela uma grande dificuldade para justificar as relações entre o registro e as ações de jogo.

Num debate sobre o *Monopoly*, numa situação operatória de 50.000 – 32.000 (pagando 32.000 com 50.000), a criança de 9 anos fez o cálculo mental sem apresentar qualquer dificuldade, dando como resposta 18.000. No jogo, observa-se que ela acrescenta 8.000, obtendo 40.000, aos quais acrescenta 10.000, assim, acrescentando ao todo 18.000. No debate, queríamos saber da criança como ela realizou tal operação:

Exemplo do Debate do Jogo Monopoly

Pesquisador coloca a questão: "Como você fez para realizar a operação 50.000 – 32.000?" Para resposta, ele realiza os seguintes registros:

1)   50 000
       32 000

(Ele escreve os zeros um pouco afastados)

(O número maior vem numa posição superior Há uma ordem de posição dos algarismos: dígito abaixo de dígito)

O que aponta a investigação sobre a atividade matemática em jogos espontâneos

2)   50 000
    -32 000
    ‾‾‾‾‾‾‾
       000

(Ele começa a operação no sentido da direita para a esquerda e de cima para baixo.

É importante notar que, oralmente, a criança realizou a operação pela dezena de milhar.)

3)   5 10 000
     3 2 000
    ‾‾‾‾‾‾‾
       000

(ele altera o sentido da operação, verbalizando 2-0 ao invés de 0-2)
(Ele acrescenta um "1" ao lado do primeiro zero de 50.000)

4)   5 10 000
    13 2 000

(A criança acrescente um "1" à esquerda do 3 de 32.000)

5)   5 10 000
    13 2 000
    ‾‾‾‾‾‾‾
     8 000

(Ele realiza a operação):

     10
    - 2
    ‾‾‾‾
     8   (→ de cima para baixo, considerando o "10" como "dez")

6)   5 10 000
    13 2 000
    ‾‾‾‾‾‾‾
     9 8 000

(Ele considera "13" como 4: "Isto faz quatro". Ressaltamos que o "10" fora considerado como dez. Ele coloca um "9" exatamente abaixo do "13", quer dizer, após considerar "13" como 4, ele adiciona 5 e 4 ao invés de subtrair. Por que adicionar? Ele poderia fazer 5-4, mas ele somou assim como adicionou 1 + 3 = 4.)

7)   5 10 000
    13 2 000
    ‾‾‾‾‾‾‾
     1 8 000

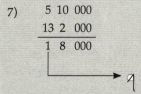

8) (Como os 98.000 não correspondem ao resultado encontrado por cálculo mental, a criança passa o lápis sobre o "9" transformando-o em "1", e o resultado final passa a ser 18.000).

A partir da interpretação dos registros sobre a folha de papel da operação 50.000 – 32.000, além de outras ocasiões similares, podemos chegar a algumas conclusões sobre a representação escrita como elemento da atividade matemática no jogo. O resultado que Pierre*9 encontrou por meio do cálculo escrito, 98.000, não está de acordo com o resultado que ele esperava: 18.000 (obtido por meio do cálculo mental). Então, ele coloca um "1" sobre o "9" e podemos interpretar que, neste contexto, a criança tem mais confiança na operação mental realizada no jogo do que no processo escrito que ele aprendeu na escola e que ele não compreende bem (mas utilizando como forma de argumentação e justificativa da matematização em jogo).

De um lado, podemos dizer que a experiência serve para mostrar que Pierre*9 tem uma grande competência para a realização de cálculo mental, mas ele não compreende bem o algoritmo escrito ensinado pela escola. Por outro lado, podemos considerar que não existe uma associação direta entre o cálculo mental e o registro do processo operatório. Nesta experiência, nós não pudemos saber como a criança realizou o cálculo mental, mas a situação serviu para mostrar que não há uma relação entre o processo que a criança estudou na escola e o processo que ele utiliza no contexto do jogo. É assim que o jogo pode produzir uma atividade matemática que não está associada à Matemática produzida em sala de aula.

Quando colocamos a questão de saber como Pierre*9 faz a operação em uma situação cotidiana, por exemplo, no comércio, ele responde que, dentro de uma situação assim, "utilizamos a calculadora para obter a resposta". No debate com o grupo que jogou a *La Bonne Paye*, tentamos identificar o estágio de compreensão do algoritmo mobilizado pelas crianças no jogo: algoritmos, como já dito, que não tinham nenhuma associação com o processo mental utilizado para resolver a situação: pagar 650 com uma cédula de 1.000. (no registro de vídeo do jogo, observa-se que o processo é realizado pelo complemento, ou seja, "+ 50 = 700, para 1000 é 300, então 300 e 50 = 350"), em que CHb é a fala do pesquisador em debate com as criança sobre o segundo jogo:

CHb: "Seiscentos e cinquenta".
Adrien*10 : "Voilà,..., seis cinco cinquenta, bah,..."
Jérôme*12 : "De fato é mais fácil fazer de cabeça."
CHb : "Ah ouais! Por que?"
Jérôme*12 : "Porque é automático".
CHb : "É automático! Vamos ver!"
(CHb solicita atenção ao que Adrien*10 escreve na folha de papel e verbaliza).

$$\begin{array}{r} 1000 \\ -650 \\ \hline 0 \end{array}$$

(Adrien*10 escreve um "um" antes do segundo zero):

$$\begin{array}{r} 10100 \\ -6\ 50 \\ \hline 0 \end{array}$$

Adrien*10: "Dez menos cinco, cinco."

$$\begin{array}{r} 10100 \\ -6\ 50 \\ \hline 50 \end{array}$$

(Adrien*10 escreve um "um" antes do seis):

$$\begin{array}{r} 10100 \\ -16\ 50 \\ \hline 50 \end{array}$$

Adrien*10 : "Sete menos dez, três"

$$\begin{array}{r} 101\ 00 \\ -16\ 50 \\ \hline 3\ 50 \end{array}$$

Jérôme*12 : "Mas, voilà!"
Adrien*10 : "E zero, et,..."

$$\begin{array}{r} 101\ 00 \\ -16\ 50 \\ \hline 03\ 50 \end{array}$$

CHb : "Mas por que você colocou isto aqui, este pequeno um aqui? O que isso quer dizer?"

Adrien*10: "Ah, sim, aqui, não podemos fazer zero menos cinco. Não podemos fazer isso!"
CHb : "Sim, sim, e o que você fez aí?"
Adrien*10: "Nós, como nós estamos aqui, colocamos um aqui, e isso faz cinco..."
CHb : "Por que cinco?"
Adrien*10: "Porque cinco mais cinco, dez!"
CHb : "Dez, isto é dez. Quando você coloca um 'um' aqui, isto faz dez, e quando colocamos um 'um' aqui, isto faz dezesseis..." [se referindo ao "1" antes do 6 da dezena do subtraendo]
(CHb indica sobre a escritura de Adrien*10):

10 ⟶ dez

16 ⟶ dezesseis

Adrien*10 : "Não, não! Aqui é dez, lá é sete, porque um mais seis!"
(Adrien*10 indica à CHb) :

10 ⟶ dez

16 ⟶ sete

CHb : "E por que um aqui faz dez e um lá faz sete?"
Adrien*10: "Ah, porque... você não pode perguntar isso para mim, você que pergunte àquele que inventou o cálculo, hum!"
CHb : "Ah sim! Mas quem inventou o cálculo?"
Adrien*10: "Eu não sei...!"
CHb : "Foi o professor?"
Jérôme*12: "Ele já está morto!"
CHb : "Hum?"
Jérôme*12: "Ele já..."
CHb : "O que?"
Jérôme*12: "Ele já está morto."
CHb : "Ele está o que?"
Jérôme*12: "ele 'couic'..."
(Jérôme*12 faz o gesto indicando que ele fora decapitado).

Assim, segundo Jérôme*12, podemos aplicar procedimentos matemáticos, sobretudo no jogo, sem conhecer as lógicas próprias do algoritmo, sem a necessidade de validá-lo ou justificá-lo. Afinal, o procedimento é validado pelo ensino escolar e na prática, e os resultados produzidos são, em geral, coerentes com as expectativas do sujeito. Esta interpretação nos remete à noção de "validação" proposta por Brousseau (1986b, 1990).[8] A justificação no processo de aplicação do conhecimento matemático pode estar fundamentado na profunda convicção da criança ou sobre uma convicção socialmente aceita acerca do valor de um procedimento numa situação local. Parece-nos que os cálculos mentais realizados durante os jogos analisados são justificados no grupo de jogadores por meio destas convicções tácitas: "é por que é" (ou no francês, *parce que*). Não há por que questionar sua validade local, estruturado durante um jogo, uma vez que tal validação foi garantida pela escola, não cabendo ao sujeito epistêmico questionar sobre a mesma. Afinal, o registro do algoritmo realizado durante os debates pesquisador-crianças jogadoras está atrelado a uma convicção social e utilizado pelas crianças em consequência de suas representações sobre as expectativas do pesquisador em relação às respostas matemáticas dos sujeitos.

Portanto, para justificar suas ações matemáticas no jogo, as crianças utilizam o processo socialmente validado pela escola, mesmo se estes processos não tenham a ver com os cálculos mentais apresentados na atividade lúdica e desprovidos de significados acerca de seus fundamentos. E, para aplicá-los, não é necessário conhecer seus fundamentos.

O registro escrito, mesmo que ele esteja dissociado do cálculo mental desenvolvido no jogo, serviu para mostrar como as situações de jogo, no caso de subtração, que requer a realização de desagrupamento, são resolvidas, revelando sua forte relação com a adição: a situação em que devemos encontrar uma diferença entre dois valores é resolvida por meio da ideia de complemento, fortemente associada à ideia de "juntar" da adição, o que nos revela como a noção dos campos conceituais (VERGNAUD, 1998) está presente em situações realizadas fora da escola, mais especificamente no contexto do jogo dito espontâneo.

---

[8] Para mais leituras acerca da didática francesa, ver Pais (2001).

Afinal, quem inventou tais procedimentos que utilizamos de forma mecânica e cega deve ser muito velho, uma vez que perdemos no tempo as razões lógicas de tais algoritmos memorizados, e o mesmo só pode ter merecido a forca. Esta é uma mensagem deixada nas entrelinhas do debate com a criança jogadora de 12 anos. Paralelamente, nós não temos o direito de questionar os fundamentos de procedimentos cognitivos presentes na atividade matemática no jogo. São constatações de difícil captação em contextos didáticos, mas que vêm à tona quando as crianças se sentem livres das amarras das regras de um contrato didático (BROUSSEAU, 1986b).

Capítulo VII

Um novo olhar sobre o jogo realizado pelas crianças: possibilidades e limites de uma atividade matemática nos jogos

O trabalho de análise da atividade matemática espontânea nos permite um novo olhar menos romântico sobre as relações entre jogo e Matemática realizada pela criança. A identificação das potencialidades e dos limites de uma atividade lúdica para o desenvolvimento de uma atividade matemática foi objetivo essencial deste trabalho, após a realização da interpretação de variados jogos desenvolvidos pelas crianças de um grupo multicultural.

Vamos analisar, neste último capítulo, o quanto a natureza da atividade matemática aparece subjugada ao sistema de regras do jogo constituído pelas crianças; a liberdade de mudança da estrutura lúdica que elimina a possibilidade de realização de determinadas atividades matemáticas no jogo; a validade da produção matemática como dependente de um conteúdo qualitativo das ações cognitivas em jogo; as ações cognitivas apresentadas no jogo muitas vezes localmente validadas, não permitindo sua transferência para outros contextos. Tais discussões apontaram uma nova noção de jogo a partir da ideia da própria capacidade do sujeito em transitar entre a dimensão sociocultural e a produção intrapessoal no fazer Matemática, o que necessariamente nos impulsiona a incentivar o desenvolvimento de mais pesquisas científicas acerca do casamento entre o jogo infantil e a atividade matemática.

A análise do jogo espontâneo das crianças: a atividade matemática subjugada às regras da atividade lúdica

A análise dos jogos mostra a criança como coautora do desenvolvimento lúdico, assim como é coautora da atividade matemática realizada no jogo. Assim, o desenvolvimento das atividades matemáticas e lúdica, é dependente dos objetivos, dos desejos e das representações que as crianças possuem da atividade: o grupo de sujeitos é o responsável primeiro da criação da atividade lúdica da qual a atividade matemática faz parte.

A ideia de coautor reforça a noção de jogo como uma atividade portadora do princípio fundamental de liberdade de ação, liberdade que pode ser considerada como elemento de contradição em relação aos contextos de produção do conhecimento matemático. No jogo, a criança é responsável pelo desenvolvimento da atividade lúdica e, portanto, das situações que podem suscitar ou gerar uma atividade matemática.

O desenvolvimento de uma atividade matemática situa-se entre a liberdade própria do jogo e a necessidade do sujeito de respeitar as regras do jogo estabelecidas pelo grupo. A natureza da atividade matemática está atrelada a um sistema de controle das ações dos sujeitos no jogo, sistema que pode ser mais ou menos eficaz segundo a atividade e o grupo. O sujeito pode ser supervisionado em relação às regras do jogo ou em relação ao desenvolvimento e respeito da atividade matemática. Nos nossos estudos, constatamos o quanto a atividade matemática no jogo é submissa às consequências da falta de um controle das ações do sujeito durante a atividade. Paradoxalmente, esta ausência implica a existência de erros matemáticos (muitas vezes incompatíveis com o nível de conhecimento dos sujeitos): o que não impede a evolução da atividade lúdica realizada pelas crianças. O jogo é realizado independentemente da qualidade da atividade matemática aí presente: apesar dos erros matemáticos, o jogo continua seu percurso e todos nele se divertem, em especial porque se trata de uma atividade improdutiva. Este fenômeno indica que a realização da atividade lúdica é independente do controle do desenvolvimento da atividade matemática. Esta autonomia entre jogo e atividade matemática é limitada e tanto fragilizada quando a atividade matemática é parte essencial do jogo, quando a regra do jogo e as regras matemáticas se confundem, uma vez que contar, calcular, resolver problemas é a essência das regras de jogo. É quando os jogadores controlam a contagem e comparam as pontuações, uma vez que estes fazem parte do jogo. A atividade matemática deve se submeter ao controle em relação às regras do jogo e o respeito às regras matemáticas é uma consequência direta da obrigação de respeito às regras do jogo.

Entretanto, o princípio de liberdade do jogo permite que os sujeitos mudem a estrutura lúdica e, por consequência, eles podem mudar a natureza da atividade matemática esperada pelo adulto ou mesmo eliminar a possibilidade de certa atividade matemática no desenvolvimento do jogo, como ocorre, em especial, no jogo que propõe uma tabela com os valores de juros a serem pagos. Eles eliminam da estrutura lúdica o cálculo de juros, que são dados por porcentagens, e a possibilidade de termos no jogo uma atividade acerca da noção de porcentagem acaba por não ocorrer em função da mudança do jogo por todos os grupos que desenvolveram tal atividade lúdica num período de observação de quatro anos. Segundo Brougère (1997, p. 48) todo jogador é um ser decisório, o que observamos em relação às mudanças das estruturas lúdicas operadas pelas crianças, em função de certa desmotivação pela atividade matemática que a mesma propunha. Por vezes, mudanças realizadas pelos sujeitos produzem atividades matemáticas inesperadas ou mais ricas do que as esperadas. As mudanças e as atividades matemáticas produzidas pelas crianças não são sempre evidentes para o olhar de observadores externos menos atentos. Existem situações em que se observa uma simbiose entre mudança de estrutura, erros matemáticos e trapaças. As fronteiras entre tais conceitos nos jogos analisados não são, em absoluto, claras.

Quando uma ação no jogo é fiscalizada e, portanto, controlada pelos adversários, um erro (matemático ou não) pode produzir discussões associadas diretamente ao processo de validação de procedimentos no grupo. No caso de desacordos sobre procedimentos ou sobre resultados, a primeira referência para caracterizar uma ação como ilegítima, como um erro ou como uma trapaça é inicialmente o sistema de regras do jogo e, em segundo plano, as regras matemáticas. Um erro que implica em uma ruptura de uma regra do jogo pode significar uma trapaça, mas um erro que traduz para o grupo uma ruptura com uma regra matemática é assimilado como simples "erro matemático" sem qualquer consequência no âmbito da experiência lúdica, afinal, erro matemático é cometido por todos. Por consequência, tendo a criança consciência deste fato, ela pode manipular situações: diante de certa ação não aceita pelo grupo, ela procura revelar que realizou um erro matemático para camuflar um procedimento de trapaça.

A expressão "liberdade no jogo" significa o poder do sujeito de agir sobre a estrutura lúdica, transformando-a. É neste sentido que utilizamos a noção da criança como coautora da atividade lúdica. Porque a criança é livre e intelectualmente capaz, ela age sobre a estrutura para eliminar ao máximo as contrariedades indesejáveis provocadas pelo jogo, sem destruir a essência do princípio lúdico da atividade. O sujeito percebe-se livre para determinar aquilo que ele quer realizar na atividade lúdica. Esta perspectiva de ação no contexto lúdico é negociada dentro do grupo que desenvolve a atividade. A liberdade implica no direito que os sujeitos possuem de: 1) estabelecer um sistema de regras que deve caracterizar a atividade lúdica; 2) mudar o sistema durante o desenvolvimento da atividade se todos estão de acordo de assim o fazer. Portanto, a decisão de mudar as regras implica, necessariamente, na alteração da atividade matemática construída no jogo. Atividade matemática e jogo estão aí em estrita relação. Esta dimensão de liberdade de criar e recriar regras (BROUGÈRE, 1997) influencia fortemente as ações cognitivas dos sujeitos e, portanto, ela determina o universo de ações em relação à atividade matemática no jogo.

Constantemente os erros associados à atividade matemática podem passar despercebidos ao longo do desenvolvimento do jogo, sendo necessário questionar em que sentido e em que medida as experiências matemáticas mobilizadas no jogo não poderiam constituir em obstáculos a futuras aprendizagens matemáticas. Isso revela uma postura um pouco mais cautelosa quanto ao valor dos jogos para a aprendizagem escolar da matemática por meio de jogos sem a devida mediação e intervenção pedagógica, o que pode ser considerado por muitos uma "contramão" teórica e metodológica do movimento desenfreado de valorização dos jogos para favorecer a aprendizagem matemática na sala de aula. As análises das atividades espontâneas de atividades lúdicas revelam que o jogo não pode se constituir numa panaceia para as dificuldades da aprendizagem matemática na escola, o que nos leva a valorização da mediação pedagógica a ser realizada pelo educador no contexto do jogo. O educador deve e pode estar presente no desenvolvimento da atividade lúdica, promovendo observações, reflexões, validações de procedimentos matemáticos.

Se não existir controle sobre a validação das ações realizadas no jogo, o sujeito poderá desenvolver esquemas de ação que são falsos na sua perspectiva de conhecimento matemático. Mas faz-se necessário questionar a possibilidade de transferência destes esquemas mentais para situações fora do jogo. É o caso de situações aditivas com números negativos que são submetidos a um controle em relação à sua validade matemática, ao ponto do grupo aceitar sem qualquer discussão, como pudemos constatar no jogo *Triominos*, uma situação em que a criança compra uma peça (devendo, portanto, perder 5, tendo já 3 pontos) que é traduzida como $3 - 5 = 8$. As estratégias de controle observadas nos jogos revelam-se como não garantia da qualidade da atividade matemática realizada: os fatos matemáticos podem ser condenados em decorrência da falta de uma validação eficaz como parte da atividade lúdica. Fica a questão se a inserção do jogo na sala de aula não requer que o professor estimule recursos de controle de tal qualidade como parte das regras do jogo, mas o que pode vir na contramão do caráter da liberdade da atividade lúdica (discutiremos esta possibilidade mais adiante). Nos jogos espontâneos analisados, não há uma estrutura que favoreça as necessárias e desejáveis reflexões sobre as ações cognitivas realizadas: a atividade matemática pode ser construída produzindo erros que não são submetidos a um sistema de controle como parte natural do jogo.

Assim, nossa argumentação pode nos levar a conceber que os princípios de liberdade, acrescentados ao da gratuidade e da improdutividade do jogo (CAILLOIS, 1967), sejam incompatíveis com a existência de uma efetiva atividade matemática no jogo: os erros matemáticos não têm consequências em termos de desenvolvimento da atividade lúdica. O necessário e desejável equilíbrio entre a liberdade de ação e o princípio de existência de regras a serem respeitadas (segundo nosso conceito de jogo explicitado em capítulo anterior) pode ser uma garantia mínima de existência da lógica e de postulados matemáticos no jogo. Estas regras matemáticas devem ser, portanto, incorporadas à atividade como regras de jogo pelas próprias crianças como regras implícitas do jogo, sobretudo quando a atividade matemática é um elemento central da estrutura lúdica, que é o caso dos jogos de nossa investigação, conforme descrito no capitulo anterior.

Estrutura da atividade lúdica e garantia de efetivação de aprendizagem matemática

A atividade matemática associada às estruturas fundamentais do jogo (deslocamentos, pontuações, comparações, valores, resolução de problemas, entre outras) pode muitas vezes estar localizada no centro da atividade lúdica. São atividades nas quais a Matemática é um meio funcional de controlar o jogo, por exemplo, quando há contagem de pontos. A atividade matemática é alocada como elemento de uma cultura lúdica válida para vários jogos.

A quantidade e a variedade de material, as possibilidades, as probabilidades de manipulação e o sistema de regras, são alguns dos elementos da estrutura lúdica que influenciam a determinação da realização de atividade matemática nos jogos. Esta influência pode favorecer no grupo o estabelecimento de determinados esquemas de ação como obrigatoriedade para todos no jogo, como é o caso da compreensão de 20.000 como composição aditiva de 2 de 10.000, mesmo havendo no jogo cédulas, por exemplo, de 5.000 e de 1.000. Desta forma, a atividade matemática é reduzida a processos mecânicos com a reprodução de composições, atividade qualitativamente diferente àquelas que se caracterizam pelas tentativas e pela validação de várias composições a cada lance do jogo. Assim, a atividade matemática apresenta-se subordinada a regras implícitas que são, por sua vez, consequências da estrutura física do jogo.

Outros fatores podem ser responsáveis pela eliminação da atividade matemática do jogo, em especial quando esta não é parte essencial da estrutura lúdica:

- O grau de dificuldade da atividade matemática que a estrutura lúdica propõe no jogo;
- O grau de dificuldade das estratégias que o jogo exige do sujeito para realizar as tarefas nas resoluções das situações criadas a partir da estrutura lúdica.

Nos jogos analisados, a atividade matemática constitui-se essencialmente oral, pois o registro normalmente não faz parte da estrutura do jogo, salvo no jogo do *Triominos*. Como o registro não é parte das regras do jogo, as operações são regularmente realizadas por meio do cálculo mental sem nenhum suporte escrito. Muitas vezes as crianças relevam operar apoiadas na própria manipulação das peças/valores oferecidos pela estrutura lúdica, mas quase sempre por meio da contagem. Mesmo quando a escrita faz parte das regras, ela ocupa um espaço secundário na atividade lúdica e, assim, os sujeitos criam outras formas de registros dos pontos no jogo: registros que produzem atividades matemáticas inesperadas.

A análise dos dados nos indica três elementos que promovem o processo de mudança da estrutura lúdica pela criança:

- A disponibilidade do material, que pode variar conforme a evolução do jogo;
- O desejo da criança de manter consigo certos materiais: dimensão socioafetiva do jogo. Por exemplo, o sujeito pode ter como preferência conservar consigo a cédula de 50.000 ao invés de ter 5 cédulas de 10.000. Observamos que este fenômeno vem atrelado à verbalização "eu sou mais rico" em que ele mostra ao adversário possuir uma cédula de 50.000, mesmo que o adversário possua, juntando as cédulas de menor valor, maior quantia que ele;

- A evolução do jogo que altera a disponibilidade de material para que o sujeito possa resolver as situações construídas no jogo e levando o jogador a realizar composições que não se observa no início do jogo quando há disposição de maior variedade de valores.

Quando os jogadores não podem rejeitar determinada estrutura, há uma tendência de deixá-la como estrutura marginal na atividade, como é o caso das porcentagens no jogo *La Bonne Paye*. Entretanto, se uma estrutura lúdica constitui um obstáculo para os sujeitos sem nenhuma possibilidade concreta de eliminação do jogo, estes obstáculos provocam junto aos jogadores discussões acerca das diferentes interpretações possíveis acerca da atividade matemática que a estrutura suscita. Por vezes, situações multiplicativas ficam ausentes do jogo em função de mudanças realizadas pelos jogadores. Assim, situações que envolvem noções como ½ e porcentagens são excluídas. Parece-nos que as representações que as crianças têm de tais estruturas são os fundamentos primeiros de tais alterações das estruturas de jogo. Se o sujeito não possui uma representação positiva quanto à sua capacidade em lidar com a atividade matemática, ele altera a estrutura no sentido de eliminação dos elementos matemáticos da atividade lúdica, recriando as regras inicialmente propostas. Eles rejeitam ao máximo as estruturas cujas atividades matemáticas podem constituir em dificuldades para o espírito lúdico da atividade. A estrutura lúdica determina a possibilidade de o sujeito alterar o jogo segundo sua representação das atividades matemáticas que ela provoca. Portanto, a análise da transformação dos jogos realizados pelos sujeitos permite um estudo das representações que o grupo tem da atividade matemática que o jogo suscita.

Esta possibilidade de mudança da estrutura lúdica que promoveria situações matemáticas tem uma importante consequência para uma reflexão epistemológica da relação jogo e aprendizagem. A mudança da estrutura lúdica pode eliminar fontes de produção de situações-problemas, situações a resolver por um grupo de sujeitos que se encontram em diferentes estágios de desenvolvimento cognitivo, quer dizer, de situações socialmente partilhadas que permitiriam às crianças jogadoras a realização de certas aprendizagens. Assim, algumas interpretações de Vigotski (1994) podem levar à ideia de que o jogo produz a Zona de Desenvolvimento Proximal (ZDP) a qual questionamos em relação ao jogo espontâneo, sem controle imposto externamente pelo adulto, em que a criança manipula as situações lúdicas eliminando aquelas que seriam situações conflitantes, mas fonte de aprendizagem matemática e desestabilizadoras do princípio lúdico da atividade que tem por princípio inicial o divertimento. O fator "controle" garantido pela interação com o adulto/educador necessário para que haja uma ZDP não está presente de maneira obrigatória nos jogos espontâneos. Segundo Vigotski, a aprendizagem é realizada na ZDP na resolução da situação-problema por meio de interação com sujeito que se encontra em estágio superior ao desenvolvimento da criança. Neste contexto teórico, o adulto deve mediar o processo de resolução: o outro não é nada neutro, ao contrário, ele tem papel importante no processo, em especial, para validar as ações cognitivas aí realizadas. Assim, dizer que o jogo cria ZDP nos impõe problemas em função da ausência de um controle externo à atividade lúdica. Esta ausência não implica a impossibilidade de uma aprendizagem no jogo, mas, sim de aprendizagem matemática. Tendo em vista os estudos realizados junto ao grupo de crianças desta investigação, dizemos que o jogo pode criar a Zona de Desenvolvimento Proximal, e que esta possibilidade está condicionada ao contexto no qual o jogo é desenvolvido, ou seja, a presença de um mediador na atividade lúdica. Uma análise mais aprofundada desta possibilidade constitui em objeto de pesquisa que novos estudos devem tratar de forma mais aprofundada e refinada. Estes estudos poderão nos fornecer pistas muito importantes com o objetivo de melhor precisar as relações entre o jogo espontâneo da criança e a possibilidade de aprendizagem matemática, o que nos permitiria melhor conceber o jogo como um objeto pedagógico.

  É desta forma que confirmamos a ideia de que se uma estrutura lúdica não é parte essencial do jogo, sua eliminação pelo jogador muda seguramente a natureza da atividade matemática desejada por aquele que inicialmente concebeu e ofereceu o jogo à criança.

Se a estrutura lúdica é concebida de forma tal que não permita mudanças pela criança, estas situações promotoras de aprendizagens matemáticas permanecem como elementos centrais do jogo, sobretudo quando a atividade é supervisionada por um educador. Por sua vez, o jogo será menos flexível e se distanciará do princípio fundamental do critério de liberdade, não mais se constituindo em jogo espontâneo para se aproximar de um jogo pedagógico concebido, prescrito, aplicado e controlado para garantir determinadas aprendizagens previstas em currículo escolar, o que trataremos no final deste capítulo.

A existência de uma cultura lúdica que participa da determinação da natureza da atividade matemática no jogo

A atividade matemática desenvolvida no jogo é subordinada a uma "cultura lúdica". A criança que tem o hábito de jogar adquire um conjunto de valores em relação ao que é permitido ou proibido no contexto do jogo, uma cultura por meio da qual o sujeito aprende as regras do jogo (sobretudo as regras implícitas), as estratégias e a táticas mais usuais e muitas outras. Esta cultura nos jogos analisados é muito dinâmica em razão da participação efetiva do sujeito na definição entre o possível e o não aceitável em dada atividade lúdica. Há certas regras que pertencem apenas a certo jogo ou a certa classe de jogos (e mais: muitas vezes estas regras não fazem parte do sistema de regras proposto por aquele que inicialmente concebeu o jogo e nem pelo fabricante), assim como há regras desta cultura que são válidas para todo e qualquer jogo, como a maneira de lançar os dados, de deslocar o pião nas casas do tabuleiro ou da trilha, de contar e registrar os pontos, de comparar para constatar quem está ganhando, de definir quem joga primeiro e as sequências das jogadas etc. Em função das regras impostas por essa cultura lúdica os sujeitos mudam a estrutura lógica do jogo, até mesmo a ponto de eliminar elementos secundários no jogo ou criar outros.

Esta cultura lúdica é traduzida, sobretudo por um conjunto de regras implícitas que não são sempre verbalizadas durante uma partida, mas que são centrais para a determinação das ações do sujeito durante o desenvolvimento do jogo. O conteúdo desta cultura é aprendido pelo sujeito à medida que desenvolve um grande número de jogos com diferentes parceiros e adversários. Portanto, o sujeito tanto adquire esta cultura lúdica quanto ele é agente efetivo na sua constituição, por meio da prática de jogos no seu mundo lúdico. A participação ativa no mundo lúdico é a condição *sine qua non* para a incorporação dos princípios válidos para o desenvolvimento de jogos realizados num grupo em momento dado (isso implica que a cultura lúdica pode alterar segundo o grupo e o momento/contexto).

A observação das atividades lúdicas desenvolvidas pelo grupo é a única maneira que conhecemos para identificar seja a constituição desta cultura lúdica num dado jogo, seja a constatação da maneira como esta cultura pode definir a natureza da atividade matemática no jogo. Por vezes, a cultura lúdica pode produzir uma atividade matemática mais rica em relação àquela esperada por nós, educadores, da mesma forma que pode eliminar certas atividades matemáticas desejadas pelo educador matemático.

É necessário destacar que a análise das atividades matemáticas desenvolvidas nos jogos, como já dito anteriormente, pode nos revelar traços e características importantes da cultura lúdica presentes nos jogos em análise. Podemos afirmar que existe uma relação dialética entre cultura lúdica e atividade matemática presente no jogo: existe uma influência mútua entre estas duas culturas na ação do sujeito no contexto do jogo espontâneo: as duas culturas têm contribuições para a constituição das ações matemáticas das crianças que jogam sem um controle externo da atividade lúdica.

É importante observar o quanto os conceitos e os teoremas em ação[9] mobilizados nos jogos são subordinados à cultura lúdica. Os conceitos observados nas atividades matemáticas têm a cultura lúdica como referência para a ação do sujeito no jogo. É assim que, por exemplo, o conceito de "dobro" adotado nos jogos analisados não é o mesmo do

---

[9] Para melhor entendimento desses conceitos, base da Teoria dos Campos Conceituais de Gérard Vergnaud, ver Pais (2001).

conceito matemático de dobro de um número. Isso revela bem a relação proposta por Vigotski (1995) entre conceito espontâneo e conceito científico. A presença de um conceito matemático na estrutura lúdica do jogo não é, portanto, uma garantia de certa atividade matemática, caso o conceito matemático possa mudar em função da cultura lúdica: no jogo, o dobro significa exclusivamente o *score* máximo possível de se obter no lance de dois dados, ou seja, seis e seis.

Por sua vez, a cultura lúdica se estrutura a partir de conhecimentos matemáticos universais. Ela não pode contrariar certos fatos matemáticos, como 2 + 3 = 5. Assim, o conhecimento matemático do grupo tem um papel importante na determinação da cultura lúdica, em especial, quando a atividade matemática é ferramenta e meio do jogo, como na contagem dos pontos. Assim, nos atemos à ideia desta relação dialética:

A relação dialética entre cultura lúdica e atividade matemática

Esta mútua relação entre as duas culturas pode ser mostrada por meio da resolução de situações multiplicativas que reforçam a ideia do jogo como um espaço onde se desenvolve uma trama entre cultura matemática e cultura lúdica. Isso ocorre, por exemplo, quando o sujeito afirma que, para resolver uma operação de multiplicação na atividade, ele utiliza conhecimentos já adquiridos numa situação do jogo *Spectrangle*, no qual é necessário determinar o valor de uma peça a partir da multiplicação em função da casa bônus: "calcular de cabeça, assim, aprendemos a se habituar e nos servimos disso". Assim, o jogo se revela como um momento de aplicação de conhecimentos já adquiridos na escola e que participam na definição de uma cultura lúdica da qual elementos matemáticos fazem obrigatoriamente parte.

A ação cognitiva da criança no jogo é circunstancial a cada atividade lúdica

Os jogos (assim como os debates desenvolvidos com as crianças) revelam que os esquemas de ação desenvolvidos no processo de resolução de situações-problemas são esquemas, sobretudo aplicáveis às situações de jogo, o que nos propicia importantes consequências no que se refere à generalização para outras situações lúdicas ou para situações fora do jogo, em especial, em contextos didáticos na escola.

Este fato não nos autoriza a estabelecer uma generalização da atividade matemática desenvolvida nos jogos a outras situações ou a outros sujeitos, em especial nos contextos em que imperam regras de um contrato didático (termo da Teoria das Situações de Guy Brousseau[10]).

O sujeito atribui distintas significações a uma mesma tarefa: quando ela está num contexto de jogo espontâneo e quando submetida a um contrato didático. A diferenciação de representação dada pelo sujeito nas duas situações, jogo e didática, produz valores diferentes em relação àquilo que é possível e/ou válido de realizar em cada contexto. Ou seja, os invariantes operatórios podem não ser os mesmos entre as duas situações, mesmo que estas sejam análogas segundo um observador menos avisado. Portanto, o que pode ser possível e válido de realizar num jogo pode não ser aplicado em situação didática aparentemente análoga, sendo o contrário igualmente verdadeiro, esquemas aplicados na escola podem não ser validados no contexto do jogo.

Isso ocorre, entre outros fatores, porque nos jogos as ações cognitivas do sujeito são desenvolvidas a partir da realização de tarefas ligadas à situação produzida pelo próprio sujeito em jogo, ou seja, o sujeito está desde o princípio imbuído dos significados de geração e de finalidade da situação. Para a realização da tarefa, o sujeito não é obrigado a buscar o sentido da situação, uma vez que ele é um dos

---

[10] Teoria apresentada e discutida em Pais (2001).

autores da mesma. No jogo, a situação-problema é produzida pelo jogador, enquanto que, no contexto didático, regra geral, a situação-problema é inicialmente produzida e oferecida pelo professor.

Outra dimensão de análise das ações cognitivas realizadas nos jogos está associada ao fato de que os sujeitos desenvolvem seus pensamentos a partir da estrutura lúdica e, por vezes, o pensamento permanece fortemente atrelado aos condicionantes físicos e lógicos da atividade lúdica. Esta associação entre pensamento e estrutura lúdica produz consequências para a análise das ações cognitivas ligadas aos objetos matemáticos mobilizados ao longo da atividade. A ação do sujeito é circunstancial porque, às vezes, o jogo limita o universo de repertório de ações cognitivas possíveis no contexto do jogo proposto. Se de uma parte o jogo fornece mais liberdade de ação ao sujeito, de outra o sujeito em jogo tende a apresentar um repertório de comportamentos bem limitado e preso aos condicionantes da estrutura lúdica, que é sempre uma delimitação do contexto sociocultural.

Por exemplo, nos processos de argumentação de resolução de situações multiplicativas, constatamos que as crianças têm dificuldades em realizar uma ruptura completa das quantidades numéricas no contexto lúdico, pois a criança revela-se presa à ação material sobre os objetos lúdicos. A construção de um modelo matemático estabelecido a partir de sucessivas rupturas do contexto real direcionado a abstrações crescentes é difícil se realizar completamente no contexto dos jogos analisados, notadamente quando o jogo oferece referências muito concretas: se o jogo favorece o desenvolvimento de um pensamento mais concreto e preso aos elementos concretos do jogo.

Conceito de Matemática nas associações entre a Matemática e o jogo espontâneo da criança

Encontramos pouca contribuição para nosso estudo acerca do conceito de Matemática proposto entre as correntes epistemológicas da Matemática, tal como no Logicismo em que "o pensamento matemático representa a excelência do funcionamento do pensamento, não há pensamento rigoroso fora do modelo matemático" (RAGOT, 1991, p. 19), ou no formalismo em que a Matemática pode ser construída de maneira autônoma em relação à experimentação ou, ainda, no Intuicionismo em que, como o nome sugere, a intuição é a base da produção da Matemática. Estas correntes pouco contribuem para a compreensão da atividade matemática nos jogos espontâneos das crianças e dos jovens. A noção de Matemática dos construtivistas, especialmente Piaget (1979), considera a importância das condições nas quais o conhecimento é produzido. As situações e as condições nas quais se realiza a atividade ganha importância, assim como é dado maior valor às resoluções de situações-problemas como motores do processo de produção dos objetos e dos conhecimentos matemáticos.

Entretanto, a perspectiva construtivista piagetiana mostra-se limitada por não ter a dimensão sociocultural da atividade como foco, em especial para discutir a produção matemática. Assim, pressupomos que a perspectiva construtivista da Matemática não pode se limitar a visão exclusivamente "intrapessoal", uma vez que a construção deste conhecimento pode ser considerada somente na perspectiva da negociação e da validação da produção num grupo social e num momento histórico dado. A Etnomatemática[11] aparece como uma possibilidade de incorporar a dimensão cultural no conceito de Matemática: as matemáticas são produtos da cognição humana então, um produto da cultura. O conhecimento matemático não é desprovido das condições espaciais, temporais, políticas e ideológicas nas quais o homem realiza a atividade matemática.

Um avanço em relação à construção de um conceito apropriado à análise das atividades matemáticas nos jogos espontâneos das crianças satisfaria duplamente a sua dimensão construtivista: como uma atividade intrapessoal, assim como a dimensão sociocultural, ou seja, enquanto atividade interpessoal. Na dimensão da etnomatemática, isso significa o desenvolvimento de investigações que têm como objeto a descrição da atividade mergulhada numa cultura, com o objetivo de conhecer como as atividades do indivíduo podem influenciar a determinação do conhecimento matemático do grupo do qual é membro e vice-versa. Na dimensão da psicologia cognitiva,

---

[11] Para aprofundamento da leitura sobre Etnomatemática, convém a leitura do livro de D'Ambrosio (2001).

isso significaria o desenvolvimento de pesquisas tendo por objeto a descrição e a explicação da atividade matemática de um sujeito em interação com seu grupo, que se encontra mergulhado num sistema de regras oficialmente imposto, com regras que definem a natureza das ações cognitivas do sujeito que busca responder às demandas institucionais, por exemplo, da escola.

Em relação à Etnomatemática, pensamos que o desenvolvimento de estudos que tratem da produção matemática por um sujeito culturalmente considerado pode trazer interessantes contribuições para a compreensão do fenômeno do conhecimento cultural da matemática de certo grupo étnico, o que aproxima por certo o estudo etnomatemático da pesquisa da Psicologia Cognitiva.[12] Por sua vez, na perspectiva psicológica, trata-se de buscar desenvolver estudos sobre a construção do conhecimento matemático do sujeito fora do contexto didático, ou seja, a compreensão dos processos de resolução de situação-problema e, por consequência, de tarefas que são situadas em contextos cotidianos da criança sem a supervisão de um adulto, o que significa aproximar o estudo das competências da criança em pesquisa de natureza etnomatemática.

Os estudos da atividade matemática da criança que conhecemos na Psicologia são, na maior parte, ligados à realização de tarefas de contextos didáticos (mesmo quando encontra-se fora da escola). Por quê? Nosso ponto de vista é que os estudos realizados neste campo preocupam-se com as implicações diretas dos resultados nos contextos pedagógicos. Esta preocupação produz uma dificuldade inicial nas análises em nossos estudos sobre a Matemática nos jogos espontâneos: a dificuldade de se liberar de nossa posição de educador que interage ao longo da pesquisa de forma análoga ao do professor que acompanha o aluno em suas produções buscando garantir determinadas aprendizagens. Uma segunda justificativa que encontramos é o fato de que as investigações psicológicas são, muitas vezes, conduzidas num contexto de realização de tarefas na escola. A escola caracteriza-se como o meio, em geral, menos

---

[12] Contribuições da Psicologia Cognitiva e a aprendizagem matemática podem ser aprofundadas por meio da leitura do livro de Jorge Tarcísio da Rocha Falcão, *Psicologia da Educação Matemática* desta coleção.

complexo em relação às situações socioculturais exteriores a ela. Em situações espontâneas, o número de variáveis a controlar é consideravelmente maior em comparação às situações didáticas em que existem regras preestabelecidas para definir as ações aceitas para a realização de determinadas tarefas.

Já os estudos etnomatemáticos apresentam um avanço na incorporação das produções do conhecimento matemático em contextos socioculturais; os estudos neste campo são desenvolvidos notadamente a partir do conhecimento matemático de um grupo cultural geográfico e historicamente situado. Por vezes, nestes estudos há falta da dimensão do sujeito individualmente considerado como produtor do conhecimento validado no grupo: carece a noção de cada sujeito como coprodutor do conhecimento presente na vida cotidiana de sua cultura.

Tentamos, assim, propor a ideia de que existe uma área comum entre estes dois campos de conhecimento científico que deve ser tratada por pesquisas multidisciplinares que poderão aportar importantes contribuições em ambos os sentidos: a dimensão da produção coletiva-cultural de Matemática e a dimensão da psicogênese da produção individual na realização das produções matemáticas. Acreditamos que nosso estudo sobre a atividade matemática em jogos espontâneos das crianças pode ser alocado nesta área epistemologicamente comum e, portanto, nosso estudo pode ter uma dupla leitura: uma análise da dimensão sociocultural do fenômeno e/ou uma análise da dimensão microgenética da construção do conhecimento matemático pela criança. Entretanto, nosso estudo deixa, ainda, grandes questões abertas nos dois sentidos. Questões que podem nos indicar a necessidade de conceber e de desenvolver pesquisas nesta área comum: suscitar o desenvolvimento de novas investigações sobre a atividade matemática em contextos culturais dos sujeitos. Isso nos leva, necessariamente, a reafirmar o postulado de Otte (1991) quando ele formula a ideia de que é necessário desenvolver pesquisas entre a perspectiva epistemológica (sócio-histórico-científica) e a análise psicológica (do indivíduo) da construção do conhecimento. Por meio desta observação, Otte nos impõe um duplo desafio: aos etnomatemáticos e aos psicólogos. Esta dupla dimensão pode assim ser esquematizada:

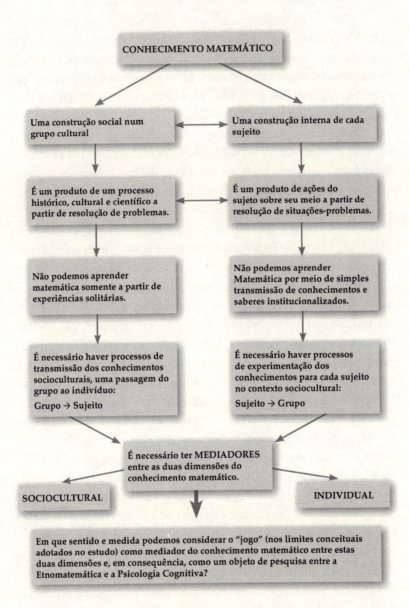

A atividade matemática entre a dimensão individual e a dimensão sociocultural se caracteriza por uma área de tensão entre as experiências solitárias e os processos institucionais de transmissão do conhecimento matemático. Para conceber esta área constituída pelos nossos estudos a partir das análises das atividades das crianças em jogo, buscamos o conceito de fenômenos transacionais proposto pelo psicanalista Winnicott (1975).

Para Winnicott, a noção de "jogo" aparece a partir da construção do "não eu" no bebê, estabelecido em função da natureza das relações da pequena criança com sua mão. Entre "aquilo que é objetivamente percebido e aquilo que é subjetivamente concebido" pela criança em suas relações com seu meio existe uma área intermediária, entre o eu e o não eu, em que se desenvolvem os fenômenos transacionais e na qual se constitui o objeto transacional. Assim, a noção de transacional em Winnicott é associada ao processo de separação física entre o indivíduo e sua mãe: trata-se de um conflito da diferenciação entre o ser e o não ser, conflito no qual a mãe realiza um papel importante na construção de uma relação de confiança para que o sujeito realize experiências que favoreçam a definição do seu eu e do "não eu".

A noção de jogo surge, na sua teoria ligada à ideia de comunicação, entre o primeiro e o segundo grau da realidade, quer dizer que o jogo está associado à capacidade do sujeito em realizar uma comunicação entre a realidade interior e a realidade exterior, processo capital para a construção de sua capacidade criativa. É nesta área intermediária que as experiências de ordem psicológica do indivíduo se realizam. O jogo é concebido, portanto, como um espaço de criatividade dentro da área intermediária entre o eu e o não eu:

Noção de jogo Segundo Winnicott: na área intermediária

O jogo, nesta perspectiva teórica, possui seu próprio espaço e tempo se localizado numa zona de fronteira, ou seja, na área transacional. O jogo é concebido a partir da hipótese da existência de um espaço potencial, que é estabelecido inicialmente entre o bebê e a mãe. A mãe propõe o jogo à criança como forma de reduzir a dor da separação, da diferenciação bebê-mãe. Os primeiros objetos transacionais aí surgem, tais como o bucho de pelúcia, o chocalho, o paninho, entre muitos outros culturalmente constituídos.

O jogo é o único ato verdadeiramente criativo: fora do jogo, não podemos conceber a criatividade, que está atrelada à própria capacidade do sujeito agir no meio ambiente e, assim, é por meio do jogo que a criança tem a capacidade de realizar experiências culturais. Para Winnicott, a criatividade é a condição necessária para a aceitação de uma realidade exterior e para uma participação à vida comunitária, quer dizer, da realidade exterior dada. Faz-se necessário lembrar que as experiências do indivíduo são realizadas numa área intermediária entre o eu e o não eu, entre a percepção individual do mundo e a realidade exterior a cada sujeito, a qual constitui a realidade sociocultural compartilhada pelos indivíduos comuns a um mesmo grupo social:

> O espaço potencial entre o bebe e a mãe, entre a criança e a família, entre o indivíduo e a sociedade ou o mundo, depende da experiência que conduz à confiança. Podemos o considerar como sagrado para o indivíduo na mesma medida que este realiza, neste mesmo espaço, experiência da vida criativa (WINNICOTT, 1975, p. 143).

Retomemos, portanto, a noção de jogo na área potencial que se situa, segundo nossos pressupostos e análises dos jogos espontâneos das crianças, numa área transacional entre as experiências matemáticas individuais e o conhecimento matemático presente no seu contexto sociocultural. A área de tensão existente entre as duas dimensões de atividade matemática e observada no estudo (veja o que Jérôme*12 coloca a este respeito no capítulo anterior) toca diretamente a noção de fenômenos transacionais proposta pela teoria de Winnicott quando ele aloca a noção de jogo como a comunicação entre duas realidades, a comunicação entre os dois graus da realidade: a realidade interior e a exterior. O jogo localiza-se numa região fronteira entre o eu e o não eu: um processo realizado entre aquilo que é objetivamente percebido e subjetivamente concebido.

A delimitação dos limites entre aquilo que eu posso fazer e aquilo que eu não posso fazer em relação à atividade matemática implica a determinação entre aquilo que é meu saber e aquilo que é o conhecimento cultural da matemática imposto. A noção de jogo em Winnicott nos faz conceber uma nova relação entre jogo e conhecimento matemático, noção equivalente àquela que realizamos em nossas análises. O jogo seria, ele próprio, o conjunto de relações potenciais que os sujeitos estabelecem entre as duas dimensões do conhecimento matemático durante o desenvolvimento da atividade matemática: o individual e o sociocultural.

Neste sentido, o jogo pode ser concebido como um mediador do conhecimento matemático no momento em que o jogo é percebido a partir da capacidade do sujeito de navegar, de comunicar e de se transmutar entre as duas dimensões do conhecimento matemático. Assim, o jogo como mediador significaria:

1) Dar confiança ao sujeito para a realização de novas experiências, para navegar entre estas duas áreas;
2) Favorecer a construção de espaços nos quais o indivíduo possa criar, testar, validar, discutir seus próprios esquemas de ação.

Em relação ao desenvolvimento da atividade lúdica, a capacidade criativa do sujeito seria uma consequência direta de sua capacidade de estabelecer uma comunicação entre as duas dimensões do conhecimento matemático. O jogo, neste sentido, ligado às experiências realizadas pelo sujeito na área intermediária entre o eu e o não eu, é alocado numa zona intermediária entre o conhecimento infantil da Matemática e o conhecimento percebido no contexto sociocultural. Jogar significa ligar dinamicamente os dois mundos que são ao mesmo tempo conjuntos e diferentes. Jogar significa ter a confiança para navegar entre os dois contextos da realidade. Se o sujeito se vê ancorado, seja numa seja na outra dimensão do conhecimento, a atividade matemática realizada se distancia da noção de jogo. Distante do jogo, a atividade matemática realizada é reduzida à reprodução pura do saber institucionalizado, ou ela consiste em alucinações sem algum valor, sem fundamento na experiência e sem nenhuma chance de validação social. Nos dois casos, a criatividade está ausente da atividade matemática, a qual não há nenhuma associação com a noção de jogo, pois não existe comunicação entre dimensão individual e a dimensão sociocultural.

O desenvolvimento do jogo, enquanto possibilidade de navegação entre as duas dimensões e, portanto, criativo, teria algumas consequências certas junto aos seus jogadores:

- A constituição de uma representação positiva da capacidade do sujeito em participar da construção de seu próprio saber associado às situações matemáticas;
- A aceitação, de forma crítica, sobretudo pela escola, de conhecimentos institucionalizados originados de contextos socioculturais fora dos muros escolares;
- A preparação do sujeito a uma participação efetiva para as experiências culturais nas quais o conhecimento matemático é um elemento indispensável;
- A oferta de um jogo a um sujeito não mais significando apenas lhe dar uma estrutura para que ele realize suas experiências. A oferta pode se constituir, de maneira segura, em lhe dar confiança para estabelecer uma comunicação rica e coerente entre estes dois mundos. Assim, nesta concepção (fundada nas contribuições da psicanálise de Winnicott), podemos oferecer um jogo à criança sem uma estrutura física, uma vez que o jogo é uma atividade da mente que estabelece relações entre sua própria produção de saber e o conhecimento matemático transmitido nos contextos socioculturais. Assim, podemos falar de uma "trama" em que o sujeito desenvolve o papel principal tecendo as ligações entre as duas dimensões do conhecimento.

A nosso ver, no caso da criança, o espaço mais importante de construção do conhecimento matemático no contexto não escolar ainda é o brincar. Nós consideramos aqui o brincar como um elemento cultural que caracteriza universalmente a vida infantil. Nós devemos considerar que há quase que uma identidade entre o brincar e a infância. Mesmo a criança trabalhadora brinca, a criança que trabalha brinca para manter viva sua infância.

Nós formulamos a tese de que, nas brincadeiras, as crianças são levadas a tratar de valores, de medidas, de números, de operações, do espaço e do tempo, da probabilidade e das possibilidades, das estratégias e das táticas. Se existe uma atividade matemática no brincar, atividade que não dispensa as aprendizagens escolares, analisando-a na vida cotidiana da criança, vemos nas brincadeiras uma trama dos conhecimentos espontâneos e científicos que é constituída a partir de elaborações e resoluções de situações-problemas durante o brincar. Não se trata aqui de simplesmente utilizar o brincar como instrumento metodológico de identificação desta trama matemática, mas de analisar o brincar como um dos espaços socioculturais que favorecem o cenário em que se desenvolve a trama entre o conhecimento cotidiano e o conhecimento escolar ligados à Matemática.

Acreditamos que, durante o brincar, a criança encontra ocasiões de refletir sobre seus processos cognitivos estabelecendo suas estratégias e táticas: ele se encontra no estágio da "metacognição" ou do conhecimento "metacognitivo", pois, no brincar, ela pode confrontar (o que numa situação didática nem sempre acontece), discutir e testar com os demais participantes seus procedimentos e seus resultados. No brincar, o problema matemático não é encarcerado em aplicações restritas de fórmulas impostas pela escola. Ao contrário, no jogo a criança pode criar suas próprias situações-problemas, ela impõe situações aos demais participantes, ela discute seus problemas e processos validando-os no grupo, desenvolvendo uma atividade matemática que reflete a natureza da ação do espírito que está brincando.

Entretanto, as relações teóricas entre o brincar e a Matemática podem ser realizadas de diferentes maneiras e que mostram as diferentes possibilidades de conceber as ligações entre a atividade lúdica e a construção do conhecimento matemático. Vejamos, então, as seis grandes categorias possíveis de conceber a mediação do educador no jogo da criança, educador esse que tem por objetivo a realização de determinadas aprendizagens possíveis a partir da estrutura lúdica:

1) **Quando há uma transferência do jogo espontâneo para uma situação escolar**. O professor permite que durante a aula de Matemática as crianças realizem "espontaneamente" o jogo sem intervenção do educador. O professor fica apenas como observador não participante do jogo. O jogo espontâneo favorece trocas de saberes entre as crianças. A atividade matemática é revelada na ação física sobre a estrutura lúdica da atividade. Observando a criança agir sobre os elementos da atividade lúdica, poderemos descobrir qual conhecimento matemático a criança possui, bem como seu potencial de aprender Matemática.

2) **Realização de um debate sobre o jogo espontâneo após a realização da atividade lúdica**. O professor anima um debate sobre as ações realizadas durante o jogo espontâneo. O jogo em debate pode ter sido realizado na aula de Matemática ou fora dela. O professor aparece aí como animador do debate sobre o jogo, depois que ele tenha sido concluído. O debate pode gerar atividade matemática fundada no processo de justificação, argumentação e prova. A atividade matemática aparece como atividade eminentemente oral e argumentativa ao nível de uma metacomunicação e metacognição, ou seja, fundada sobre uma reflexão sobre o "falar sobre as falas" e o pensar sobre o pensamento presente no jogo. Este debate possibilita uma tomada de consciência pelas crianças da atividade matemática realizada durante o jogo.

3) **Transferência do jogo espontâneo a uma situação escolar em que o aluno deve responder às questões colocadas pelo professor ao longo da atividade**. O professor "permite" a realização do jogo na sala de aula, mas intervém por meio de questionamentos sobre as ações realizadas pelas crianças. O professor coloca-se como observador participante. Durante o jogo das crianças, o professor coloca questões exigindo explicações e argumentações das ações realizadas. Essas questões podem produzir uma reflexão sobre os processos operatórios utilizados pela criança, reflexões essas que não estão normalmente presentes no jogo espontâneo.

4) **A transferência do jogo espontâneo à sala de aula ou a outro espaço escolar em que o professor é um dos jogadores**. O professor "permite" a realização do jogo e ele se situa como jogador no meio do grupo das crianças. Ele pode participar, enquanto jogador, na constituição e na evolução da atividade lúdica, especificamente na estruturação das regras. O professor é, portanto, um jogador, e não mais apenas um observador. O professor, nesta posição, pode estabelecer uma relação mais "horizontal" com as crianças e participar de maneira menos formal, podendo propor regras e provocar alterações na estrutura lúdica ao longo do jogo. O professor será mais livre para realizar questionamentos sobre a validação dos processos utilizados durante o jogo para resolver as situações-problemas.

5) **O professor adapta o jogo que inicialmente era espontâneo e presente na cultura lúdica infantil**. A adaptação é realizada segundo objetivos educacionais buscando garantir certas atividades matemáticas na atividade lúdica: o que importa é a aprendizagem. A atividade é realizada livremente sem intervenção do professor durante o jogo, que continua como observador (participante ou não). O professor propõe o jogo que a criança conhece apenas parcialmente em função das alterações operadas por ele. O professor é prescritor do jogo, que, inicialmente, era espontâneo, mas ele não intervém durante o desenvolvimento da atividade lúdica, que pode ser mudada pelas crianças ao longo da realização da mesma. Ele pode ser consultado pelas crianças ao longo do jogo segundo suas necessidades e interesses, podendo mudar a estrutura do jogo a fim de garantir a realização de determinadas atividades matemáticas segundo seus objetivos educacionais. As crianças são livres para jogar a partir de uma estrutura lúdica que foi previamente alterada pelo professor.

6) **O professor cria e oferece um jogo às crianças que é totalmente novo em função de um ou mais objetivos educativos**. O professor intervém durante o jogo para garantir o respeito das regras que são forçosamente por ele estabelecidas e que devem ser respeitadas. É o caso do *nunca* dez com a

amarração dos canudinhos em montes de dez. As crianças têm obrigação de aprender o jogo proposto pelo professor, pois ele implica em aprendizagens obrigatórias. O professor, neste caso, é criador, prescritor e controlador da atividade lúdica. É o professor quem conhece as regras e faz com que as crianças as aprendam e as respeitem, e são, quase sempre, regras matemáticas. Ele tenta estabelecer uma identidade entre as regras matemáticas com as regras do jogo, de maneira tal que a criança realize obrigatoriamente certa atividade matemática no momento de desenvolver o jogo criado pelo professor. Mas, neste caso, trata-se muito mais de uma atividade didática realizada a partir de um material pedagógico em que as regras são impostas para garantir a realização de certas atividades matemáticas. O termo *jogo* ou *brincadeira* é aqui empregado, sobretudo, para lançar as crianças em direção à realização de certas atividades matemáticas por meio do material pedagógico proposto pelo mestre, atividade que não seria realizada sem a mediação do professor ou fora da escola.

A introdução do lúdico na Educação Matemática é ligada também à noção de brincar presente no professor, o qual pode, via esta transferência, impor uma lógica do adulto durante o desenvolvimento da atividade lúdica. É necessário considerar, antes de tudo, que a intervenção do adulto no jogo espontâneo da criança a fim de favorecer certas aprendizagens matemáticas pode comprometer a qualidade da experiência lúdica em favor do objetivo educacional. Neste caso, é necessário melhor nos questionar sobre o valor da transferência dos jogos espontâneos das crianças para a sala de aula. Tal questionamento nos remete novamente à discussão do papel e da competência do professor como mediador do conhecimento matemático. Assim, a utilização de jogos e de brincadeiras na aula deve ser seguida por debate entre os profissionais envolvidos no projeto pedagógico, buscando compreender os verdadeiros potenciais e limites dessa ferramenta cultural para a aprendizagem escolar da Matemática.

Estas diferentes relações entre criança, jogo e educador são determinadas pela natureza de intervenção, direta ou indireta, do adulto no jogo da criança, ou seja, pela maneira como o adulto participa da atividade lúdica, pelas representações que as crianças fazem acerca das expectativas de um adulto presente na atividade e que propõe o jogo, pela estruturas criadas pelo adulto e, também, pelo controle do adulto sobre o desenvolvimento da atividade lúdica. A validação da transferência do jogo espontâneo (modificado ou não) às situações escolares e uma posição mais crítica acerca da generalização de nosso estudo (que é limitado a situações não escolares) dependerá do desenvolvimento de novas investigações sobre o lugar e os papéis do jogo em situações escolares.

Para estudos futuros, uma importante hipótese que formulamos é ligada à existência de uma ruptura com os princípios fundamentais do jogo quando o mesmo é inserido num contexto didático, pois quando o mesmo é realizado em sala de aula, as ações cognitivas das crianças estão submissas às regras próprias das situações pedagógicas.

Supondo que exista uma atividade matemática num dado jogo realizado pelas crianças num contexto não escolar, permitindo a realização de importante atividade no processo de ensino-aprendizagem, isso pode levar o professor a sua utilização como ferramenta pedagógica. A utilização deste jogo nas aulas permitiria a introdução dos conhecimentos socioculturais das crianças na construção do conhecimento escolar da Matemática. Contudo, permanece uma questão fundamental de saber como garantir a presença deste jogo que era inicialmente espontâneo (não regrado por participante externo) na situação escolar, regido por um contrato didático. Como podemos conceber a transferência da atividade matemática presente nos jogos espontâneos para a sala de aula mantendo-o espontâneo? A quem interessa tal espontaneidade?

A natureza de tal transferência é associada, também, à noção de jogo que o professor possui, que pode impor uma lógica adulta no jogo, carregada de intencionalidades curriculares, ao invés de valorizar a lógica própria da criança na resolução de suas atividades matemáticas em jogo. É necessário considerar, antes de tudo, que a intervenção do adulto no jogo espontâneo da criança a fim de favorecer certas aprendizagens matemáticas pode comprometer a qualidade da experiência lúdica em favor do ensino da Matemática.

Referências

ADAM, A. *Les jeux mathématiques à l'école maternelle*, dossier de recherche, DESS en Science du Jeu. Université Paris Nord, 1993.

BERLOQUIN, P. *100 Jeux pour insomniaques et autres esprits éveillés*. Paris: Le livre de Poche, 1989.

BRISSIAUD, R. *Comment les enfants apprennent à calculer*. Paris: Editions Retz, 1989.

BROUGÉRE, G. *Jeu et Education*, Paris: L'harmattan, 1995.

BROUGÉRE, G. "Jeu et objectifs pédagogiques : un approche comparative de l'éducation préscolaire" in Hussenet, A. (dir), *Revue Française de Pédagogie*: L'éducation préscolaire, INRP, n° 119, avril-mai-juin, 1997, p. 47-56.

BROUSSEAU, G. "Le jeu et l'enseignement des mathématiques", in *Cette école où l'enfants jouent...*, 59ème Congrès de l'Association Générale des Institutrices et Instituteurs des Ecoles et Classes Maternelles Publiques (AGIIEM), *25 au 28 juin 1986*. Bordeaux, 1986a.

BROUSSEAU, G. "Fondements et méthodes de la didactique des mathématiques". *Recherches en didactique des mathématiques*, vol. 7.2, année 1986. Grenoble: La Pensée Sauvage, p. 33-116, 1986b.

BROUSSEAU, G. "Le contrat didactique: le milieu", *Recherches en didactique des mathématiques*, vol. 9.3, année 1990. Grenoble: La Pensée Sauvage, p. 309-336, 1990.

BROUSSEAU, G. *Théories des Situations Didactiques*. Grenoble: La Pensée sauvage, 1998.

BRUNER, J. *Le développement de l'enfant: Savoir Faire, Savoir Dire*. Paris: PUF, 1987.

CAILLOIS, R. *Les jeux et les hommes*. Paris: Editions Gallimard, 1967.

CAMOUS, H. *Jouer avec les maths*. Paris : Les éditions d'organisation, 1985.

CRITON, M. *Les jeux mathématiques*. Paris: PUF, 1997.

CURY, H. N. *Análise de erros: o que podemos aprender com as respostas dos alunos*. Belo Horizonte: Autêntica, Coleção Tendências em Educação Matemática, 2007.

D'AMBROSIO, U. *Etnomatemática: elo entre as tradições e a modernidade*. Belo Horizonte: Autêntica, 2001. Coleção Tendências em Educação Matemática.

D'AMBROSIO, U. *Etnomatemática*. São Paulo: Editora Ática, 1990.

DEHAENE, S. *La bosse des maths*. Paris: Odile Jacob, 1997.

DIENES, Z. *Les six étapes du processus d'apprentissages*. Paris : OCDL, 1970.

DOUADY, R. "Rapport enseignement apprentissage: dialectique outil-objet, jeux de cadres" (édition revue et augmentée) in *Cahier de Didactique des mathématiques, revue de* l'IREM de l'Université Paris VII, n. 3, p. 5-26, 1983.

DOUADY, R. "De la didactique des mathématiques à l'heure actuelle" in *Cahier de Didactique des mathématiques,* revue de l'IREM de l'Université Paris VII, n. 6, p. 1-19, 1984.

FILON, R.; DOUCET, M. *Le langage et l'affectivité à travers l'analyse des objets de jeu.* Québec: Documentor, 1993.

GARDNER, H. *L'intelligence et l'école.* Paris: Retz, 1996a.

DOUADY, R. *Les intelligence multiples.* Paris: Retz, 1996b.

DOUADY, R. *Jeux mathématiques du "Scientific American".* Paris: A.D.C.S., 1996c.

GARON, D. *La classification des jeux et des jouets* : LE SYSTÈME ESAR. Québec: Documentor, 1985.

KAMII, C. *A criança e o número.* Campinas: Papirus, 1986.

KAMII, C. *Reinventando a aritmética: implicações da teoria de Piaget.* Campinas: Papirus, 1988.

LÉVI-STRAUSS, C. *La pensée sauvage.* Paris: Plon, 1962.

MALBA TAHAN, *O homem que calculava.* Rio de Janeiro: Ed Record, 1997.

MONTESSORI, M. *Pédagogie scientifique.* Paris: Desclée de Brouwer, 1958.

MUNIZ, C. A. *Jeux de société et activité Mathématique chez l'enfant,* Tese de Doutorado em Ciências da Educação, pela Université Paris Nord, 1999.

OTTE, M., *O formal, o social e o subjetivo.* São Paulo: Editora Unesp, 1991.

PAIS, L. C. *Didática da Matemática*: uma análise da influência francesa. Belo Horizonte: Autêntica, 2001. Coleção Tendências em Educação Matemática.

PIAGET, J. *Le jugement moral chez l'enfant.* Paris, PUF, 1932.

PIAGET, J. *La naissance de l'intelligence chez l'enfant.* Lausanne: Delachaux et Niestlé, 1947.

PLANCHON, H. *Réapprendre les maths.* Paris: ESF, 1989.

RAGOT, A. "L'observation de la production des élèves: conditions de fiabilité, rôle dans la conception des situations didactiques", in *Construction de savoirs mathématiques au collège, revue Rencontres Pédagogiques,* INRP, n° 30, p. 15-39, 1991.

REYSSET, P.*Les jeux de réflexion pure.* Paris: PUF, 1995.

ROBINET, J. "Quelques réflexions sur l'utilisation des jeux en classe de mathématiques" in *Cahier de Didactique des mathématiques,* revue de l'IREM de l'Université Paris VII, n° 34, janvier 1987, pp. 1-5.

STEWART, I. *Les mathématiques.* Paris: Pour la Science, 1989.

VERGNAUD, G. "Qu'est-ce que la pensée?" dans les actes du Colloque in *Qu'est-ce que la pensée?* Suresne, Laboratoire De Psychologie Cognitive et Activités Finalisées, Université Paris VIII, pp. 1-21, 1998.

VIGOTSKI, L. S. *A formação social da mente.* São Paulo: Martins Fontes, 1994.

VIGOTSKI, L. S. *Pensée et langage.* Paris: Medissor Ed. Sociales, 1995.

WINNICOTT, D. W. *Jeu et réalité.* Paris: Editions Gallimard, 1975.

Outros títulos da coleção
Tendências em Educação Matemática

Afeto em competições matemáticas inclusivas – A relação dos jovens e suas famílias com a resolução de problemas
Autoras: *Nélia Amado, Susana Carreira e Rosa Tomás Ferreira*
    As dimensões afetivas constituem variáveis cada vez mais decisivas para alterar e tentar abolir a imagem fria, pouco entusiasmante e mesmo intimidante da Matemática aos olhos de muitos jovens e adultos. Sabe-se atualmente, de forma cabal, que os afetos (emoções, sentimentos, atitudes, percepções…) desempenham um papel central na aprendizagem da Matemática, designadamente na atividade de resolução de problemas. Na sequência do seu envolvimento em competições matemáticas inclusivas baseadas na internet, Nélia Amado, Susana Carreira e Rosa Tomás Ferreira debruçam-se sobre inúmeros dados e testemunhos que foram reunindo, através de questionários, entrevistas e conversas informais com alunos e pais, para caracterizar as dimensões afetivas presentes na participação de jovens alunos (dos 10 aos 14 anos) nos campeonatos de resolução de problemas SUB12 e SUB14. Neste livro, o leitor é convidado a percorrer várias das dimensões afetivas envolvidas na resolução de problemas desafiantes. A compreensão dessas dimensões ajudará a melhorar a relação das crianças e dos adultos com a Matemática e a formular uma imagem da Matemática mais humanizada, desafiante e emotiva.

Descobrindo a Geometria Fractal – Para a sala de aula
Autor: *Ruy Madsen Barbosa*
    Neste livro, Ruy Madsen Barbosa apresenta um estudo dos belos fractais voltado para seu uso em sala de aula, buscando a sua introdução na Educação Matemática brasileira, fazendo bastante apelo ao visual artístico, sem prejuízo da precisão e rigor matemático. Para alcançar esse objetivo, o autor incluiu capítulos específicos, como os de criação e de exploração

de fractais, de manipulação de material concreto, de relacionamento com o triângulo de Pascal, e particularmente um com recursos computacionais com *softwares* educacionais em uso no Brasil. A inserção de dados e comentários históricos tornam o texto de interessante leitura. Anexo ao livro é fornecido o CD-Nfract, de Francesco Artur Perrotti, para construção dos lindos fractais de Mandelbrot e Julia.

Relações de gênero, Educação Matemática e discurso – Enunciados sobre mulheres, homens e matemática
Autoras: *Maria Celeste Reis Fernandes de Souza, Maria da Conceição F. R. Fonseca*

Neste livro, as autoras nos convidam a refletir sobre o modo como as relações de gênero permeiam as práticas educativas, em particular as que se constituem no âmbito da Educação Matemática. Destacando o caráter discursivo dessas relações, a obra entrelaça os conceitos de *gênero*, *discurso* e *numeramento* para discutir enunciados envolvendo mulheres, homens e Matemática. As autoras elegeram quatro enunciados que circulam recorrentemente em diversas práticas sociais: "Homem é melhor em Matemática (do que mulher)"; "Mulher cuida melhor... mas precisa ser cuidada"; "O que é escrito vale mais" e "Mulher também tem direitos". A análise que elas propõem aqui mostra como os discursos sobre relações de gênero e matemática repercutem e produzem desigualdades, impregnando um amplo espectro de experiências que abrange aspectos afetivos e laborais da vida doméstica, relações de trabalho e modos de produção, produtos e estratégias da mídia, instâncias e preceitos legais e o cotidiano escolar.

Lógica e linguagem cotidiana – Verdade, coerência, comunicação, argumentação
Autores: *Nílson José Machado e Marisa Ortegoza da Cunha*

Neste livro, os autores buscam ligar as experiências vividas em nosso cotidiano a noções fundamentais tanto para a Lógica como para a Matemática. Através de uma linguagem acessível, o livro possui uma forte base filosófica que sustenta a apresentação sobre Lógica e certamente ajudará a coleção a ir além dos muros do que hoje é denominado Educação Matemática. A bibliografia comentada permitirá que o leitor procure outras obras para aprofundar os temas de seu interesse, e um índice remissivo, no final do livro, permitirá que o leitor ache facilmente explicações sobre vocábulos como contradição, dilema, falácia, proposição e sofisma. Embora este livro seja recomendado a estudantes de cursos de graduação e de especialização, em todas as áreas, ele também se destina a um público mais amplo. Visite também o site: <www.rc.unesp.br/igce/pgem/gpimem.html>.

Educação a Distância online
Autores: *Marcelo de Carvalho Borba, Ana Paula dos Santos Malheiros e Rúbia Barcelos Amaral*

Neste livro, os autores apresentam resultados de mais de oito anos de experiência e pesquisas em Educação a Distância *online* (EaDonline), com exemplos de cursos ministrados para professores de Matemática. Além de cursos, outras práticas pedagógicas, como comunidades virtuais de aprendizagem e o desenvolvimento de projetos de modelagem realizados a distância, são descritas. Ainda que os três autores deste livro sejam da área de Educação Matemática, algumas das discussões nele apresentadas, como formação de professores, o papel docente em EaDonline, além de questões de metodologia de pesquisa qualitativa, podem ser adaptadas a outras áreas do conhecimento. Neste sentido, esta obra se dirige àquele que ainda não está familiarizado com a EaDonline e também àquele que busca refletir de forma mais intensa sobre sua prática nesta modalidade educacional. Cabe destacar que os três autores têm ministrado aulas em ambientes virtuais de aprendizagem.

A matemática nos anos iniciais do ensino fundamental – Tecendo fios do ensinar e do aprender
Autoras: *Adair Mendes Nacarato, Brenda Leme da Silva Mengali e Cármen Lúcia Brancaglion Passos*

Neste livro, as autoras discutem o ensino de Matemática nas séries iniciais do ensino fundamental num movimento entre o aprender e o ensinar. Consideram que essa discussão não pode ser dissociada de uma mais ampla, que diz respeito à formação das professoras polivalentes – aquelas que têm uma formação mais generalista em cursos de nível médio (Habilitação ao Magistério) ou em cursos superiores (Normal Superior e Pedagogia). Nesse sentido, elas analisam como têm sido as reformas curriculares desses cursos e apresentam perspectivas para formadores e pesquisadores no campo da formação docente. O foco central da obra está nas situações matemáticas desenvolvidas em salas de aula dos anos iniciais. A partir dessas situações, as autoras discutem suas concepções sobre o ensino de Matemática a alunos dessa escolaridade, o ambiente de aprendizagem a ser criado em sala de aula, as interações que ocorrem nesse ambiente e a relação dialógica entre alunos-alunos e professora-alunos que possibilita a produção e a negociação de significado.

Álgebra para a formação do professor – Explorando os conceitos de equação e de função
Autores: *Alessandro Jacques Ribeiro e Helena Noronha Cury*

Neste livro, Alessandro Jacques Ribeiro e Helena Noronha Cury apresentam uma visão geral sobre os conceitos de equação e de função, explorando o tópico com vistas à formação do professor de Matemática. Os autores trazem aspectos históricos da constituição desses conceitos ao longo da História da Matemática e discutem os diferentes significados que até hoje perpassam as produções sobre esses tópicos. Com vistas à formação inicial ou continuada de professores de Matemática, Alessandro e Helena enfocam, ainda, alguns documentos oficiais que abordam o ensino de equações e de funções, bem como exemplos de problemas encontrados em livros didáticos. Também apresentam sugestões de atividades para a sala de aula de Matemática, abordando os conceitos de equação e de função, com o propósito de oferecer aos colegas, professores de Matemática de qualquer nível de ensino, possibilidades de refletir sobre os pressupostos teóricos que embasam o texto e produzir novas ações que contribuam para uma melhor compreensão desses conceitos, fundamentais para toda a aprendizagem matemática.

Análise de erros – O que podemos aprender com as respostas dos alunos
Autora: *Helena Noronha Cury*

Neste livro, Helena Noronha Cury apresenta uma visão geral sobre a análise de erros, fazendo um retrospecto das primeiras pesquisas na área e indicando teóricos que subsidiam investigações sobre erros. A autora defende a ideia de que a análise de erros é uma abordagem de pesquisa e também uma metodologia de ensino, se for empregada em sala de aula com o objetivo de levar os alunos a questionarem suas próprias soluções. O levantamento de trabalhos sobre erros desenvolvidos no país e no exterior, apresentado na obra, poderá ser usado pelos leitores segundo seus interesses de pesquisa ou ensino. A autora apresenta sugestões de uso dos erros em sala de aula, discutindo exemplos já trabalhados por outros investigadores. Nas conclusões, a pesquisadora sugere que discussões sobre os erros dos alunos venham a ser contempladas em disciplinas de cursos de formação de professores, já que podem gerar reflexões sobre o próprio processo de aprendizagem.

Aprendizagem em Geometria na educação básica – A fotografia e a escrita na sala de aula
Autores: *Cleane Aparecida dos Santos, Adair Mendes Nacarato*

Muitas pesquisas têm sido produzidas no campo da Educação Matemática sobre o ensino de Geometria. No entanto, o professor, quando deseja implementar atividades diferenciadas com seus alunos, depara-se com a escassez de materiais publicados. As autoras, diante dessa constatação, constroem, desenvolvem e analisam uma proposta alternativa para explorar os conceitos geométricos, aliando o uso de imagens fotográficas às produções escritas dos alunos. As autoras almejam que o compartilhamento da experiência vivida possa contribuir tanto para o campo da pesquisa quanto para as práticas pedagógicas dos professores que ensinam Matemática nos anos iniciais do ensino fundamental.

Da etnomatemática a arte-design e matrizes cíclicas
Autor: *Paulus Gerdes*

Neste livro, o leitor encontra uma cuidadosa discussão e diversos exemplos de como a Matemática se relaciona com outras atividades humanas. Para o leitor que ainda não conhece o trabalho de Paulus Gerdes, esta publicação sintetiza uma parte considerável da obra desenvolvida pelo autor ao longo dos últimos 30 anos. E para quem já conhece as pesquisas de Paulus, aqui são abordados novos tópicos, em especial as matrizes cíclicas, ideia que supera não só a noção de que a Matemática é independente de contexto e deve ser pensada como o símbolo da pureza, mas também quebra, dentro da própria Matemática, barreiras entre áreas que muitas vezes são vistas de modo estanque em disciplinas da graduação em Matemática ou do ensino médio.

Diálogo e aprendizagem em Educação Matemática
Autores: *Helle Alrø e Ole Skovsmose*

Neste livro, os educadores matemáticos dinamarqueses Helle Alrø e Ole Skovsmose relacionam a qualidade do diálogo em sala de aula com a aprendizagem. Apoiados em ideias de Paulo Freire, Carl Rogers e da Educação Matemática Crítica, esses autores trazem exemplos da sala de aula para substanciar os modelos que propõem acerca das diferentes formas de comunicação na sala de aula. Este livro é mais um passo em direção à internacionalização desta coleção. Este é o terceiro título da coleção no qual autores de destaque do exterior juntam-se aos autores nacionais para debaterem as diversas tendências em Educação Matemática. Skovsmose participa ativamente da comunidade brasileira, ministrando disciplinas, participando de conferências e interagindo com estudantes e docentes do Programa de Pós-Graduação em Educação Matemática da Unesp, em Rio Claro.

Didática da Matemática – Uma análise da influência francesa
Autor: *Luiz Carlos Pais*

Neste livro, Luiz Carlos Pais apresenta aos leitores conceitos fundamentais de uma tendência que ficou conhecida como "Didática Francesa". Educadores matemáticos franceses, na sua maioria, desenvolveram um modo próprio de ver a educação centrada na questão do ensino da Matemática. Vários educadores matemáticos do Brasil adotaram alguma versão dessa tendência ao trabalharem com concepções dos alunos, com formação de professores, entre outros temas. O autor é um dos maiores especialistas no país nessa tendência, e o leitor verá isso ao se familiarizar com conceitos como transposição didática, contrato didático, obstáculos epistemológicos e engenharia didática, dentre outros.

Educação Estatística – Teoria e prática em ambientes de modelagem matemática
Autores: *Celso Ribeiro Campos, Maria Lúcia Lorenzetti Wodewotzki e Otávio Roberto Jacobini*

Este livro traz ao leitor um estudo minucioso sobre a Educação Estatística e oferece elementos fundamentais para o ensino e a aprendizagem em sala de aula dessa disciplina, que vem se difundindo e já integra a grade curricular dos ensinos fundamental e médio. Os autores apresentam aqui o que apontam as pesquisas desse campo, além de fomentarem discussões acerca das teorias e práticas em interface com a modelagem matemática e a educação crítica.

Educação Matemática de Jovens e Adultos – Especificidades, desafios e contribuições
Autora: *Maria da Conceição F. R. Fonseca*

Neste livro, Maria da Conceição F. R. Fonseca apresenta ao leitor uma visão do que é a Educação de Adultos e de que forma essa se entrelaça com a Educação Matemática. A autora traz para o leitor reflexões atuais feitas por ela e por outros educadores que são referência na área de Educação de Jovens e Adultos no país. Este quinto volume da coleção Tendências em Educação Matemática certamente irá impulsionar a pesquisa e a reflexão sobre o tema, fundamental para a compreensão da questão do ponto de vista social e político.

Etnomatemática – Elo entre as tradições e a modernidade
Autor: *Ubiratan D'Ambrosio*

Neste livro, Ubiratan D'Ambrosio apresenta seus mais recentes pensamentos sobre Etnomatemática, uma tendência da qual é um dos fundadores. Ele propicia ao leitor uma análise do papel da Matemática na cultura ocidental e da noção de que Matemática é apenas uma forma de Etnomatemática. O autor discute como a análise desenvolvida é relevante para a sala de aula. Faz ainda um arrazoado de diversos trabalhos na área já desenvolvidos no país e no exterior.

Etnomatemática em movimento
Autoras: *Gelsa Knijnik, Fernanda Wanderer, Ieda Maria Giongo e Claudia Glavam Duarte*

Integrante da coleção Tendências em Educação Matemática, este livro traz ao público um minucioso estudo sobre os rumos da Etnomatemática, cuja referência principal é o brasileiro Ubiratan D'Ambrosio. As ideias aqui discutidas tomam como base o desenvolvimento dos estudos etnomatemáticos e a forma como o movimento de continuidades e deslocamentos tem marcado esses trabalhos, centralmente ocupados em questionar a política do conhecimento dominante. As autoras refletem aqui sobre as discussões atuais em torno das pesquisas etnomatemáticas e o percurso tomado sobre essa vertente da Educação Matemática, desde seu surgimento, nos anos 1970, até os dias atuais.

Fases das tecnologias digitais em Educação Matemática – Sala de aula e internet em movimento
Autores: *Marcelo de Carvalho Borba, Ricardo Scucuglia Rodrigues da Silva, e George Gadanidis*

Com base em suas experiências enquanto docentes e pesquisadores, associadas a uma análise acerca das principais pesquisas desenvolvidas no Brasil sobre o uso de tecnologias digitais no ensino e aprendizagem de Matemática, os autores apresentam uma perspectiva fundamentada em quatro fases. Inicialmente, os leitores encontram uma descrição sobre cada uma dessas fases, o que inclui a apresentação de visões teóricas e exemplos de atividades matemáticas características em cada momento. Baseados na "perspectiva das quatro fases", os autores discutem questões sobre o atual momento (quarta fase). Especificamente, eles exploram o uso do *software* GeoGebra no estudo do conceito de derivada, a utilização da internet em sala de aula e a noção denominada performance matemática digital, que envolve as artes.

Este livro, além de sintetizar de forma retrospectiva e original uma visão sobre o uso de tecnologias em Educação Matemática, resgata e compila de maneira exemplificada questões teóricas e propostas de atividades, apontando assim inquietações importantes sobre o presente e o futuro da sala de aula de Matemática. Portanto, esta obra traz assuntos potencialmente interessantes para professores e pesquisadores que atuam na Educação Matemática.

Filosofia da Educação Matemática
Autores: *Maria Aparecida Viggiani Bicudo e Antonio Vicente Marafioti Garnica*

Neste livro, Maria Bicudo e Antonio Vicente Garnica apresentam ao leitor suas ideias sobre Filosofia da Educação Matemática. Eles propiciam ao leitor a oportunidade de refletir sobre questões relativas à Filosofia da Matemática, à Filosofia da Educação e mostram as novas perguntas que definem essa tendência em Educação Matemática. Neste livro, em vez de ver a Educação Matemática sob a ótica da Psicologia ou da própria Matemática, os autores a veem sob a ótica da Filosofia da Educação Matemática.

Formação matemática do professor – Licenciatura e prática docente escolar
Autores: *Plinio Cavalcante Moreira e Maria Manuela M. S. David*

Neste livro, os autores levantam questões fundamentais para a formação do professor de Matemática. Que Matemática deve o professor de Matemática estudar? A acadêmica ou aquela que é ensinada na escola? A partir de perguntas como essas, os autores questionam essas opções dicotômicas e apontam um terceiro caminho a ser seguido. O livro apresenta diversos exemplos do modo como os conjuntos numéricos são trabalhados na escola e na academia. Finalmente, cabe lembrar que esta publicação inova ao integrar o livro com a internet. No site da editora www.autenticaeditora.com.br, procure por Educação Matemática e pelo título "A formação matemática do professor: licenciatura e prática docente escolar", onde o leitor pode encontrar alguns textos complementares ao livro e apresentar seus comentários, críticas e sugestões, estabelecendo, assim, um diálogo online com os autores.

História na Educação Matemática – Propostas e desafios
Autores: *Antonio Miguel e Maria Ângela Miorim*

Neste livro, os autores discutem diversos temas que interessam ao educador matemático. Eles abordam História da Matemática, História da Educação Matemática e como essas duas regiões de inquérito podem se relacionar com a Educação Matemática. O leitor irá notar que eles também apresentam uma visão sobre o que é História e abordam esse difícil tema de uma forma acessível ao leitor interessado no assunto. Este décimo volume da coleção certamente transformará a visão do leitor sobre o uso de História na Educação Matemática.

Informática e Educação Matemática
Autores: *Marcelo de Carvalho Borba e Miriam Godoy Penteado*

Os autores tratam de maneira inovadora e consciente da presença da informática na sala de aula quando do ensino de Matemática. Sem prender-se a clichês que entusiasmadamente apoiam o uso de computadores para o ensino de Matemática ou criticamente negam qualquer uso desse tipo, os autores citam exemplos práticos, fundamentados em explicações teóricas objetivas, de como se pode relacionar Matemática e informática em sala de aula. Tratam também de questões políticas relacionadas à adoção de computadores e calculadoras gráficas para o ensino de Matemática.

Interdisciplinaridade e aprendizagem da Matemática em sala de aula
Autores: *Vanessa Sena Tomaz e Maria Manuela M. S. David*

Como lidar com a interdisciplinaridade no ensino da Matemática? De que forma o professor pode criar um ambiente favorável que o ajude a perceber o que e como seus alunos aprendem? Essas são algumas das questões elucidadas pelas autoras neste livro, voltado não só para os envolvidos com Educação Matemática como também para os que se interessam por educação em geral. Isso porque um dos benefícios deste trabalho é a compreensão de que a Matemática está sendo chamada a engajar-se na crescente preocupação com a formação integral do aluno como cidadão, o que chama a atenção para a necessidade de tratar o ensino da disciplina levando-se em conta a complexidade do contexto social e a riqueza da visão interdisciplinar na relação entre ensino e aprendizagem, sem deixar de lado os desafios e as dificuldades dessa prática.

Para enriquecer a leitura, as autoras apresentam algumas situações ocorridas em sala de aula que mostram diferentes abordagens interdisciplinares dos conteúdos escolares e oferecem elementos para que os professores e os formadores de professores criem formas cada vez mais produtivas de se ensinar e inserir a compreensão matemática na vida do aluno.

Investigações matemáticas na sala de aula
Autores: *João Pedro da Ponte, Joana Brocardo e Hélia Oliveira*

Neste livro, os autores – todos portugueses – analisam como práticas de investigação desenvolvidas por matemáticos podem ser trazidas para a sala de aula. Eles mostram resultados de pesquisas ilustrando as vantagens e dificuldades de se trabalhar com tal perspectiva em Educação Matemática. Geração de conjecturas, reflexão e formalização do conhecimento são aspectos discutidos pelos autores ao analisarem os papéis de alunos e professores em sala de aula quando lidam com problemas em áreas como geometria, estatística e aritmética.

Matemática e arte
Autor: *Dirceu Zaleski Filho*

Neste livro, Dirceu Zaleski Filho propõe reaproximar a Matemática e a arte no ensino. A partir de um estudo sobre a importância da relação entre essas áreas, o autor elabora aqui uma análise da contemporaneidade e oferece ao leitor uma revisão integrada da História da Matemática e da História da Arte, revelando o quão benéfica sua conciliação pode ser para o ensino. O autor sugere aqui novos caminhos para a Educação Matemática, mostrando como a Segunda Revolução Industrial – a eletroeletrônica, no século XXI – e a arte de Paul Cézanne, Pablo Picasso e, em especial, Piet Mondrian contribuíram para essa reaproximação, e como elas podem ser importantes para o ensino de Matemática em sala de aula.

Matemática e Arte é um livro imprescindível a todos os professores, alunos de graduação e de pós-graduação e, fundamentalmente, para professores da Educação Matemática.

Modelagem em Educação Matemática
Autores: *João Frederico da Costa de Azevedo Meyer, Ademir Donizeti Caldeira e Ana Paula dos Santos Malheiros*

A partir de pesquisas e da experiência adquirida em sala de aula, os autores deste livro oferecem aos leitores reflexões sobre aspectos da Modelagem e suas relações com a Educação Matemática. Esta obra mostra como essa disciplina pode funcionar como uma estratégia na qual o aluno ocupa lugar central na escolha de seu currículo.

Os autores também apresentam aqui a trajetória histórica da Modelagem e provocam discussões sobre suas relações, possibilidades e perspectivas em sala de aula, sobre diversos paradigmas educacionais e sobre a formação de professores. Para eles, a Modelagem deve ser datada, dinâmica, dialógica e diversa. A presente obra oferece um minucioso estudo sobre as bases teóricas e práticas da Modelagem e, sobretudo, a aproxima dos professores e alunos de Matemática.

O uso da calculadora nos anos iniciais do ensino fundamental
Autoras: *Ana Coelho Vieira Selva e Rute Elizabete de Souza Borba*

Neste livro, Ana Selva e Rute Borba abordam o uso da calculadora em sala de aula, desmistificando preconceitos e demonstrando a grande contribuição dessa ferramenta para o processo de aprendizagem da Matemática. As autoras apresentam pesquisas, analisam propostas de uso da calculadora em livros didáticos e descrevem experiências inovadoras em sala de aula em que a calculadora possibilitou avanços nos conhecimentos matemáticos dos estudantes dos anos iniciais do ensino fundamental. Trazem também diversas sugestões de uso da calculadora na sala de aula que podem contribuir para um novo olhar, por parte dos professores, para o uso dessa ferramenta no cotidiano da escola.

Pesquisa em ensino e sala de aula – Diferentes vozes em uma investigação
Autores: *Marcelo de Carvalho Borba, Helber Rangel Formiga Leite de Almeida e Telma Aparecida de Souza Gracias*

Pesquisa em ensino e sala de aula: diferentes vozes em uma investigação não se trata apenas de uma obra sobre metodologia de pesquisa: neste livro, os autores abordam diversos aspectos da pesquisa em ensino e suas relações com a sala de aula. Motivados por uma pergunta provocadora, eles apontam que as pesquisas em ensino são instigadas pela vivência dos professores em suas salas de aulas, e esse "cotidiano" dispara inquietações acerca de sua atuação, de sua formação, entre outras. Ainda, os autores lançam mão da metáfora das "vozes" para indicar que o pesquisador, seja iniciante ou mesmo experiente, não está sozinho em uma pesquisa, ele "escuta" a literatura e os referenciais teóricos e os entrelaça com a metodologia e os dados produzidos.

Pesquisa Qualitativa em Educação Matemática
Organizadores: *Marcelo de Carvalho Borba e Jussara de Loiola Araújo*
Os autores apresentam, neste livro, algumas das principais tendências no que tem sido denominado "Pesquisa Qualitativa em Educação Matemática". Essa visão de pesquisa está baseada na ideia de que há sempre um aspecto subjetivo no conhecimento produzido. Não há, nessa visão, neutralidade no conhecimento que se constrói. Os quatro capítulos explicam quatro linhas de pesquisa em Educação Matemática, na vertente qualitativa, que são representativas do que de importante vem sendo feito no Brasil. São capítulos que revelam a originalidade de seus autores na criação de novas direções de pesquisa.

Psicologia na Educação Matemática
Autor: *Jorge Tarcísio da Rocha Falcão*
Neste livro, o autor apresenta ao leitor a Psicologia da Educação Matemática, embasando sua visão em duas partes. Na primeira, ele discute temas como psicologia do desenvolvimento e psicologia escolar e da aprendizagem, mostrando como um novo domínio emerge dentro dessas áreas mais tradicionais. Em segundo lugar, são apresentados resultados de pesquisa, fazendo a conexão com a prática daqueles que militam na sala de aula. O autor defende a especificidade deste novo domínio, na medida em que é relevante considerar o objeto da aprendizagem, e sugere que a leitura deste livro seja complementada por outros desta coleção, como *Didática da Matemática: sua influência francesa, Informática e Educação Matemática e Filosofia da Educação Matemática*.

Relações de gênero, Educação Matemática e discurso – Enunciados sobre mulheres, homens e matemática
Autoras: *Maria Celeste Reis Fernandes de Souza e Maria da Conceição F. R. Fonseca*
Neste livro, as autoras nos convidam a refletir sobre o modo como as relações de gênero permeiam as práticas educativas, em particular as que se constituem no âmbito da Educação Matemática. Destacando o caráter discursivo dessas relações, a obra entrelaça os conceitos de *gênero*, *discurso* e *numeramento* para discutir enunciados envolvendo mulheres, homens e Matemática. As autoras elegeram quatro enunciados que circulam recorrentemente em diversas práticas sociais: "Homem é melhor em Matemática (do que mulher)"; "Mulher cuida melhor... mas precisa ser cuidada"; "O que é escrito vale mais" e "Mulher também tem direitos". A análise que elas propõem aqui mostra como os discursos sobre relações de gênero e matemática repercutem e produzem desigualdades, impregnando um amplo espectro de experiências que abrange aspectos

afetivos e laborais da vida doméstica, relações de trabalho e modos de produção, produtos e estratégias da mídia, instâncias e preceitos legais e o cotidiano escolar.

Tendências internacionais em formação de professores de Matemática
Organizador: *Marcelo de Carvalho Borba*

Neste livro, alguns dos mais importantes pesquisadores em Educação Matemática, que trabalham em países como África do Sul, Estados Unidos, Israel, Dinamarca e diversas Ilhas do Pacífico, nos trazem resultados dos trabalhos desenvolvidos. Esses resultados e os dilemas apresentados por esses autores de renome internacional são complementados pelos comentários que Marcelo C. Borba faz na apresentação, buscando relacionar as experiências deles com aquelas vividas por nós no Brasil. Borba aproveita também para propor alguns problemas em aberto, que não foram tratados por eles, além de destacar um exemplo de investigação sobre a formação de professores de Matemática que foi desenvolvida no Brasil.